Procesos para el uso térmico de la ENERGÍA SOLAR

UNIVERSITAS
Editorial
Científica
Universitaria
CÓRDOBA

FERNANDO CARLOS ARENAS
Ingeniero Mecánico Electricista
Ingeniero Mecánico Industrial

PROCESOS PARA EL USO TÉRMICO DE LA ENERGÍA SOLAR

Pje España 1467. Te: 4680913. (5000) Córdoba.– editorialuniversitas@yahoo.com.ar

UNIVERSITAS
Editorial
Científica
Universitaria
CÓRDOBA

Diseño de Tapa: Universitas
Autoedición: Universitas
Producción Gráfica: Universitas.

Email: editorialuniversitas@yahoo.com.ar

ISBN: 978-987-1457-44-1

Hecho el depósito que marca la ley 11.723.

PROLOGO

Este texto está dedicado a todos aquellos que desean tomar conocimiento de los problemas específicos relacionados con el aprovechamiento de la energía solar térmica, contribuyendo así a la difusión de los conceptos científicos relativos a las energías no convencionales y sus tecnologías.

El tratamiento de este tema tiene su origen en un curso dado en la Facultad de Ciencias Exactas Físicas y Naturales de la Universidad Nacional de Córdoba por un período de varios años. En su desarrollo se buscó asegurar la comprensión de los fenómenos físicos, introduciendo para ello las fórmulas más importantes relacionadas con los mismos, como así también, los aspectos prácticos que sirven como suplemento de los procesos de ingeniería.

Se ha supuesto que el lector posee conocimientos incorporados sobre la termodinámica, la óptica, la transmisión del calor, la mecánica de los fluidos etc.

El objetivo del libro se verá cumplido si el mismo es un aporte para quienes desean ayudar a satisfacer una mayor demanda energética sin contribuir a un agotamiento de los recursos naturales no renovables y al deterioro medioambiental del planeta.

F C Arenas

Somos Capaces de explorar el universo y no hacemos nada para detener el deterioro del ecosistema en nuestro planeta

UNIVERSITAS
Editorial
Científica
Universitaria
CÓRDOBA

MAYUSCULAS.

A: área

B: capacidad calorífica

C::constante solar.

D: diámetro.

E: potencia de radiación.

F: factor de efectividad.

FS: factor solar.

I: inercia térmica.

K: coeficiente de extinción.

K´: coeficiente decimal de extinción.

L. trabajo

$\dot{M}$:caudal másico de consumo.

N: número de moléculas.

P: potencia.

$\dot{Q}$: flujo térmico

Q: energía térmica.

R: recipiente

S: sección.

T: temperatura.

T_f' : temperatura de entrada del fluido.

T_f'' : temperatura de salida del fluido.

$\dot{V}$. caudal volumétrico.

X: humedad absoluta.

MINÚSCULAS

a: difusividad térmica.

c_m : calor específico.

c: velocidad de la luz.

e: coeficiente de calefacción.

h: coeficiente de convección.

i: entalpía.

k: coeficiente térmico de transmisión total.

l: longitud.

n: r.p.m.

m: masa óptica.

$\dot{m}$:caudal másico.

$\dot{q}$: densidad de flujo térmico.

t: tiempo.

ΔT_m : diferencia media logarítmica.

LETRAS GRIEGAS

α : ángulo de inclinación del colector.

β :altura solar

δ : densidad.

ε : emisividad.

ϕ : flujo energético.

φ : humedad relativa.

η : rendimiento.

λ : conductibilidad térmica

ν : frecuencia.

ρ : peso específico

σ : constante de Boltzmann.

τ : transmitancia térmica.

ω : masa líquida.

ξ : coeficiente de extinción.

ζ : coeficiente de absorción.

$\mathbb{C}$. factor de concentración

INDICE

UNIVERSITAS
Editorial
Científica
Universitaria
CÓRDOBA

CAPITULO I

LA RADIACION SOLAR.

INTRODUCCIÓN.

Un factor fundamental para mejorar la calidad de vida de la humanidad es el acceso a la energía. Solamente aquellos países que poseen buen nivel económico tienen una mayor disponibilidad de la misma, estimándose que aproximadamente sólo un 20% de la población mundial consume el 80 % de la energía. Ésto pone en evidencia que la búsqueda de nuevas fuentes de energía que no produzcan deterioro ecológico es un fin esencial hacia donde debería orientar sus esfuerzos la humanidad.

Teniendo en cuenta que las horas de insolación al año en el mundo, oscilan entre 1500 y 3600 horas, según sea la zona geográfica, una de las fuentes de energía que debería alcanzar un mayor aprovechamiento es el Sol. En tal sentido ya hay países que ante la creciente escasez de combustibles convencionales ya han legislado sobre la obligación del uso de energías alternativas, logrando así bajar notablemente las curvas de consumo anual de los combustibles.

Si bien es cierto que es muy difícil que las energías alternativas puedan en un futuro inmediato reemplazar a los combustibles convencionales, podrán si en cambio, reducir notablemente su consumo con el consiguiente ahorro que ello significa.

La energía solar, según sea su forma de captación y aplicación, podrá clasificarse como:

- Energía solar directa
- Energía solar indirecta.

La *energía solar directa* corresponde a la energía térmica, termodinámica y fotovoltaica, mientras que la *energia solar indirecta* la constituyen, la energía eólica, hidráulica, biomasa, geotérmica, marítima, etc.

Entre sus aplicaciones útiles de la energía solar se pueden citar:

La producción de agua caliente sanitaria (A.C.S), la calefacción y refrigeración de locales, la producción de electricidad, destilación y pausterización del agua, como así también plantas de secado, invernaderos y otras

CARACTERÍSTICAS DE LA RADIACIÓN SOLAR.

El Sol Fig.1-1 es una esfera gaseosa de aprox. 1.391.000 Km. de diámetro constituido por tres regiones:

1-. ***El interior,*** donde se engendra la energía debido a reacciones termonucleares, siendo el combustible principal el hidrógeno. Se producen choques donde la energía, debida al impulso, se transforma en calor que lo funde en un proceso que se denomina "fusión termonuclear" de carácter exotérmico con temperaturas del orden de los 20 x 10^6 K.

En el proceso anterior algunos protones pierden su carga eléctrica para convertirse en neutrones, originándose núcleos formados por dos protones y dos neutrones que constituyen átomos de Helio de forma tal que, cuando se funde un cierto número de núcleos para formar uno nuevo, el conjunto contiene menos masa debido a que parte de la misma se convierte en energía y se dispersa por radiación mediante fotones carentes de masa.

2-. ***La fotosfera*** de aproximadamente 300 km de espesor es la responsable de la totalidad de la radiación emitida. Su temperatura va desde varios millones de grados hasta aproximadamente los 5900 K. La presión en esta zona es del orden de 1 / 100 de atm.

3-. ***La cromosfera y la corona solar***, son regiones de densidad muy baja donde la materia esta muy diluida, por lo que, si bien en esa zona la temperatura es del orden del millón de grados, la radiación emitida es muy débil. La materia se encuentra muy agitada con la formación de chorros en el seno de la cromosfera (espículas) y además grandes surtidores (protuberancias), en la corona. La fotosfera no es perfectamente estable ni homogénea, ya que durante los períodos de actividad se observan regiones frías (manchas) y regiones calientes (fáculas) y además, en buenas condiciones de observación, se comprueba que la superficie es granulosa. Los gránulos alcanza un diámetro entre 400 y 500 km con una duración de algunos minutos. Para las aplicaciones prácticas es conveniente conocer el radio solar medio.

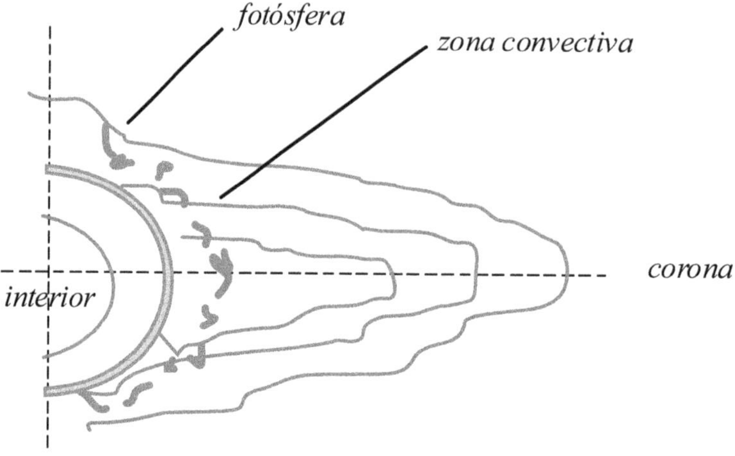

Fig 1-1

La energía solar se transmite como radiación, la cual es un mecanismo electromagnético en el que la energía se transporta con la velocidad de la luz sin necesidad de un medio material. Para una descripción cuantitativa de los mecanismos atómico y molecular en virtud de los cuales se produce la radiación es preciso acudir a la mecánica cuántica lo cual excede los limites de este estudio.

Cuando se comunica energía a un cuerpo sólido, alguno de los átomos o moléculas que lo constituyen pasan a "estados exitados" que espontáneamente tienden a retornar a estados de energía más bajos. Como consecuencia de esto, se produce una emisión de energía en forma de radiación electromagnética. Como la radiación emitida se debe a variaciones en los estados electrónico, vibracional y rotacional de los átomos o moléculas, estará distribuida en un amplio intervalo de longitudes de onda.

La radiación electromagnética se compone de rayos con diferente longitud de onda, siendo los de valores menores a 0,4 μ_m rayos químicamente activos, como son los rayos gamma y X que constituyen la radiación ultravioleta. La radiación visible varía entre 0,4 y 0,8 $\mu_{m,}$ y para valores mayores la radiación es infrarroja. Desde el punto de vista térmico solamente nos interesan los rayos llamados infrarojos que van desde $0,5\mu_m$ a $800\mu_m$.

La Fig 1-2 representan tres curvas de la distribución de Planck.

Los distintos tipos de radiación se distinguen entre sí solamente por el intervalo de longitudes de onda que comprenden. En el vacío, todas las formas de energía radiante se mueven con la velocidad de la luz **c**.= 3 x 10^5 km.s^{-1}. La longitud de onda λ_0 , que caracteriza una onda electromagnética esta relacionada con la frecuencia ν por la siguiente ecuación.

$$\nu = \frac{c}{\lambda_0} \qquad (1\text{-}1)$$

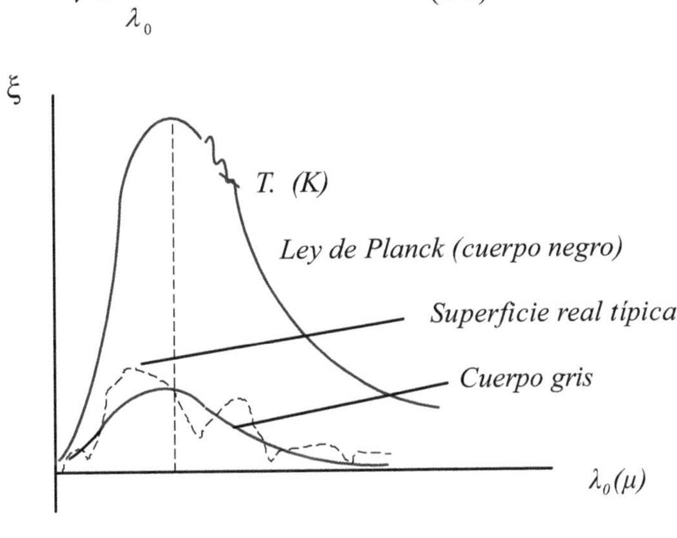

Fig.1-2

A pesar de que la radiación es de la misma naturaleza, podrá ejercer acciones muy diversas en los cuerpos sobre los que incide, según sea su longitud de onda. Su clasificación aproximada es:

Longitud de onda λ_0	**Tipo de radiación**
$0{,}05.10^{-6}\,\mu$	*Rayos cósmicos*
$(0{,}5:1{,}0)10^{-6}\,\mu$	*Radiación* γ
$10^{-6}-20.10^{-3}\,\mu$	*Rayos X*
$20.10^{-3}-0{,}4\,\mu$	*Rayos ultravioletas*
$0{,}4-0{,}8\,\mu$	*Rayos visuales*
$0{,}8\mu-0{,}8mm$	*Rayos infrarrojos*
$0{,}2mm-X.Km$	*Ondas radioeléctricas.*

Para algunas aplicaciones es conveniente considerar la radiación electromagnética desde un punto de vista corpuscular. En este caso, a una onda electromagnética de frecuencia ν se le asocia un *fotón*, que es una "partícula" de carga cero y masa cero y cuya energía es $h.\nu$, siendo $h = 6{,}62.10^{34}\,J.s$ la constante de Planck.

LA CONSTANTE SOLAR.

Para los cálculos relacionados con la energía solar, lo más importante es conocer cual es la radiación total que el Sol envía al límite de la atmósfera terrestre sobre una superficie de 1 m^2 situada perpendicularmente a la misma. Este dato es muy importante ya que es independiente de la influencia de las condiciones meteorológicas.

El valor anterior, se conoce como *Constante Solar* C y a una distancia media de 149,7. 10^6 km, su valor es:

$$C = 1390{,}00 \text{ W. m}^{-2}$$

Para los cálculos se puede adoptar: $C = 1367{,}00$ W m^{-2}.

Esta constante que depende de la distancia Tierra –Sol varía en ± 3,5 % alrededor de su valor medio, al cual corresponde una irradiación energética de 33,3 *KW.h.* m^2 por día de 24 horas de incidencia normal.

Estimación de la Constante Solar

La densidad de flujo de calor radiante que llega a la atmósfera terrestre procedente del Sol se puede estimar tomando al mismo como cuerpo 1 y a la Tierra como cuerpo 2, Fig 1-3. Luego, utilizando como datos $r_{1-2} = 1,50.10^{8} km$; $D_1 = 1,38.10^{6} km$ y considerando que para los cálculos aproximados al Sol puede considerárselo como un cuerpo negro que emite radiación con una intensidad máxima para $\lambda_0 = 0,5$ micrones, a partir de la ley de *Wien*, su temperatura será:

$$T = \frac{(0,2884 cm.K)}{0,5.10^{-4} cm} = 5760 K$$

y su energía radiante según la ley de *Stefan- Boltzmann*:

$$\dot{q} = \sigma.T^4 = 5,67.10^{-8}.5760^4 = 6,25.10^7 W.m^{-2}$$

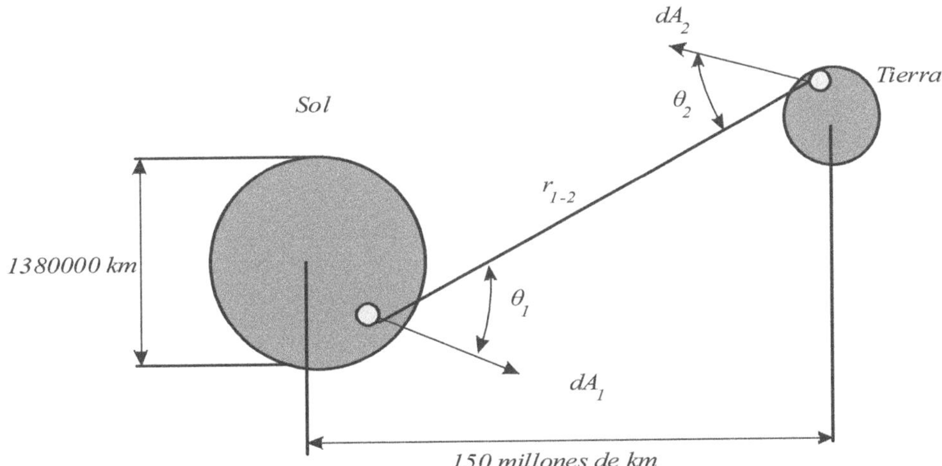

Fig 1-3

la constante solar en este caso es:

$$C = \frac{d\dot{q}_{1-2}}{\cos\theta_2 . dA_2} = \frac{\sigma T_1^4}{\pi.(r_{1-2})^2}\int \cos\theta_1 . dA_1 =$$

$$= \frac{\sigma . T_1^4}{\pi}\frac{\pi . D_1^2}{4.(r_{1-2})^2} = \frac{\dot{q}.D_1^2}{4.(r_{1-2})^2} =$$

$$= \frac{6,25.10^7}{4}\left(\frac{1,38.10^6 km}{1,50.10^8 km}\right)^2 = 1.322 \text{ W}.m^{-2}$$

Este resultado concuerda satisfactoriamente con otras estimaciones efectuadas.

GEOMETRÍA SOLAR.

La tierra describe una orbita sobre un plano llamado eclíptica alrededor del Sol, Fig. 1-4, dando lugar de ese modo a las distintas estaciones del año. El eje de este plano tiene una inclinacion de $23^\circ 27'$, respecto a la vertical, con lo cual el ángulo de incidencia de los rayos solares sobre la tierra es menor en invierno que en verano, debiendo recorrer una mayor distancia para llegar a su superficie atravesando la capa atmosferica que rodea la Tierra.

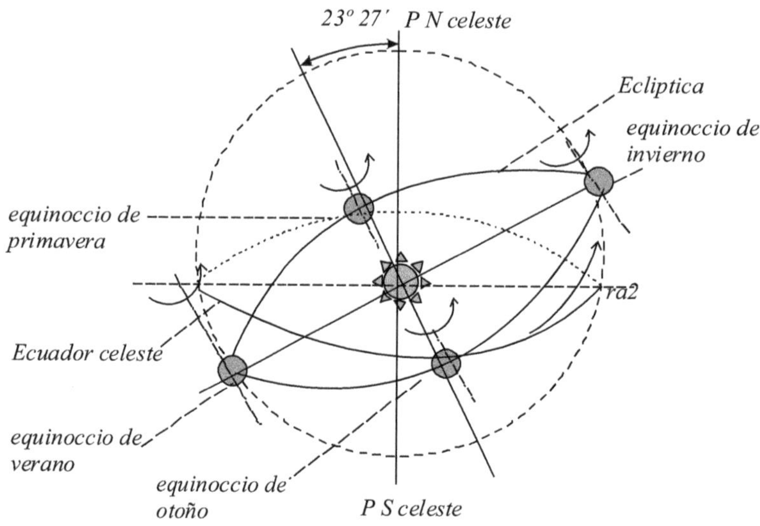

Fig. 1-4

INFLUENCIA DE LA ATMÓSFERA.

La atmósfera que rodea a la Tierra y que absorbe parte de la radiación emitida por el Sol está constituida por diferentes capas que son conocidas como:

a- *Troposfera.* Desde la superficie terrestre hasta una altura de 10 a 15 *km*, donde la temperatura decrece en forma continua en 6,5° C por kilómetro hasta alcanzar -50 a -90°C.

b- *Estratosfera.* Hasta una altura de aproximadamente 100 *km* donde fundamentalmente la composición gaseosa es, 78% N_2 ,21% O_2 ,0,9% *A, 0,03* CO_2 .

c- *Ionosfera.* Se extiende desde los 100 *km* a los 800 *km* aproximadamente, alcanzando a los 300 *km* temperaturas del orden de los 1500 °C además existen en esa zona meteoros brillantes y satélites.

El ozono que procede de la reacción $O_2 \rightarrow O + O$ y $O + O_2 \rightarrow O_3$ y que se produce bajo la acción de las radiaciones ultravioletas en la banda de $\lambda_0 < 0,24 \mu_m$ y por las descargas eléctricas o radioactividad, absorbe toda la radiación de longitud de onda inferior a 0,3 μ_m, comportándose como un filtro que solamente deja pasar las radiaciones necesarias para la vida terrestre, deteniendo aquellas que son nocivas para los microorganismos y vegetales. Su concentración máxima se sitúa a una altura de 20 *km.* El vapor de agua existe en proximidades del suelo, en la capa que va de *0* a 5 *km.*

En realidad, los únicos gases que son capaces de captar la radiación son los llamados poliatómicos como $CO_2, H_2O, SO_2.NH_3$ y otros.

La luz se difunde por la atmósfera, no solamente por las partículas (polvo) que pueda contener, sino también por las propias moléculas de aire. Esta difusión que es la causa principal de la luminosidad diurna del cielo, no influye de forma eficaz más que por debajo de los 50 *km.* Si las dimensiones de las partículas difusoras son netamente inferiores a la longitud de onda, se obtienen los resultados siguientes debidos a *Raleigh:*

1°- La intensidad difundida es inversamente proporcional a λ_0^4 .

2°- E l coeficiente de extinción K es aproximadamente igual a:

$$K = \frac{32.\pi^3}{3N}(n-1)^2 \frac{1}{\lambda_0^4} \qquad (1-2)$$

en donde N es el número de moléculas por unidad de volumen y n el índice de refracción del gas.

La extinción esta ligada al número de partículas o moléculas encontradas en la trayectoria de la radiación solar. La ley de transmisión es

$$\Phi_l = \Phi_0 . e^{-k\,l} \qquad (1-3)$$

donde Φ_l es el flujo energético después de un recorrido de longitud l. Φ_0 el flujo incidente.

La fracción de potencia transmitida o "*Transmitancia*" se expresa como

$$\tau = \frac{\Phi_l}{\Phi_0} = e^{-K\,l} \qquad (1-4)$$

El valor de la *transmitancia* τ, restado del flujo incidente Φ_0 nos da la fracción absorbida o de extinción ξ.

$$\xi = \Phi_0 - \tau \qquad (1-5)$$

En la práctica se usa con frecuencia la relación

$$\Phi_l = \Phi_0 . 10^{-K'l} \qquad (1-6)$$

Siendo K' el coeficiente decimal de extinción y por lo tanto

$$\tau = \frac{\Phi_l}{\Phi_0} = 10^{-k'l} \qquad (1-7)$$

y tomando logaritmo

$$\log_{10} \tau = -K'.l \qquad (1-8)$$

Al producto $-k'.l$ se le suele designar *densidad óptica.*

MASA ATMOSFÉRICA.

Se la define tomando como unidad el espesor vertical de la atmósfera media por encima del nivel del mar ($p = 10^3$ *mb,* espesor reducido a 8 *km* en condiciones normales de temperatura y presión).

Si se supone a esta capa atmosférica plana y estratificada horizontalmente y se admite que la luz sigue una trayectoria rectilínea Fig.1-5, la longitud recorrida en la atmósfera es inversamente proporcional al seno de la altura β del Sol.

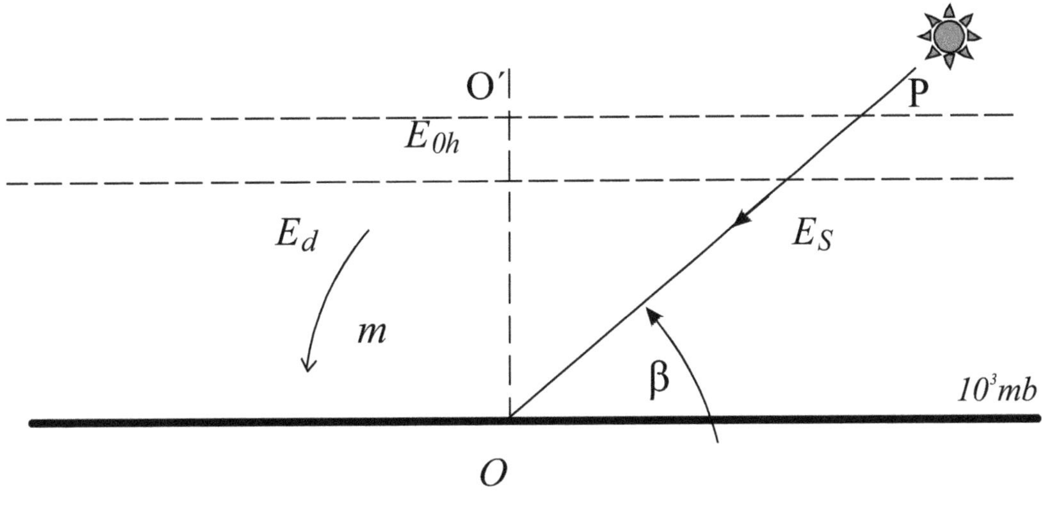

Fig. 1-5

Osea:

$$OP = \frac{OO'}{sen\beta} = OO'.\ cosec\,\beta$$

siendo $m = \frac{OP}{OO'} = cosec\,\beta,$ la masa óptica.

En el suelo para una presión de 10^3 mb y para el Sol en el zenit se tiene la masa atmosférica $m = 1$.

En la tabla N° 1-1 se aprecia la relación entre ***m*** y ***β***.

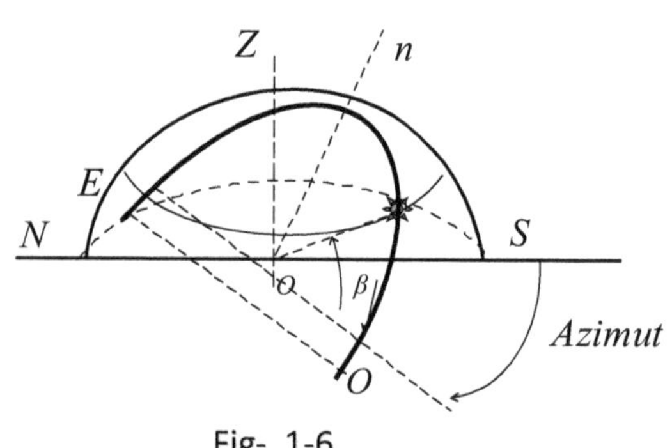

Fig- 1-6

Tabla Nº 1-1

β º	*m*	*β* º	*m*
90	1,00	30	1,99
80	1,01	20	2,90
70	1,06	15	3,81
60	1,15	12	4,71
50	1,30	10	5,60
40	1,55	6	8,90

PROYECCIÓN CILÍNDRICA.

Mediante la aplicación del *Helioindicador en proyección cilíndrica* Fig. 1-7, podemos determinar gráficamente la altura β para distintas épocas del año.

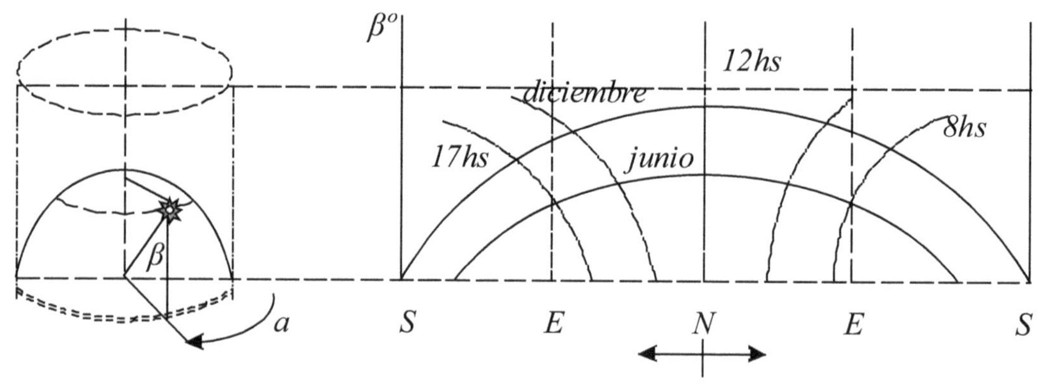

Fig, 1-7

LA RADIACIÓN SOLAR EN PROXIMIDADES DEL SUELO.

En el aire claro la absorción de la radiación solar se produce principalmente por el ozono y el vapor de agua, además de una absorción adicional debido a las partículas de polvo en suspensión.

La reducción de la potencia radiante es función entre otras causas, del ángulo de incidencia de los rayos solares y de la trayectoria de los mismos hasta llegar a la superficie terrestre.

Como consecuencia de la reflexión difusa y de la absorción de la radiación, se estima que para cielo despejado y claro la potencia disminuye a valores cercanos a 1 $KW.\ m^{-2}$ de superficie perpendicular a los rayos, cuando el Sol está en el zenit. La disminución también depende de la latitud.

Radiación Global.

La radiación solar que llega al suelo esta formada por radiación directa E_S y difusa E_d, ambas en conjunto forman la radiación global E_g , siendo su forma general

$$E_g = E_S + E_d \qquad (1\text{-}9)$$

Los valores de la radiación global vienen tabulados para cielo claro y en el caso de cielo cubierto, la radiación es solamente difusa.

La potencia recibida por unidad de superficie, conocida también como *iluminancia energética* se designa con E, (W / m^2), mientras que la energía recibida por unidad de superficie en (J/ m^{-2}) ,se designa con Q.

La radiación solar difusa que procede de toda la bóveda celeste no tiene ninguna orientación privilegiada. Entre estas diferentes magnitudes existen las siguientes relaciones. Fig. 1-8.

$$E_{Sh} = E_S \, sen \, \beta \qquad (1-10)$$

E_{Sh} es la componente vertical de la radiación.

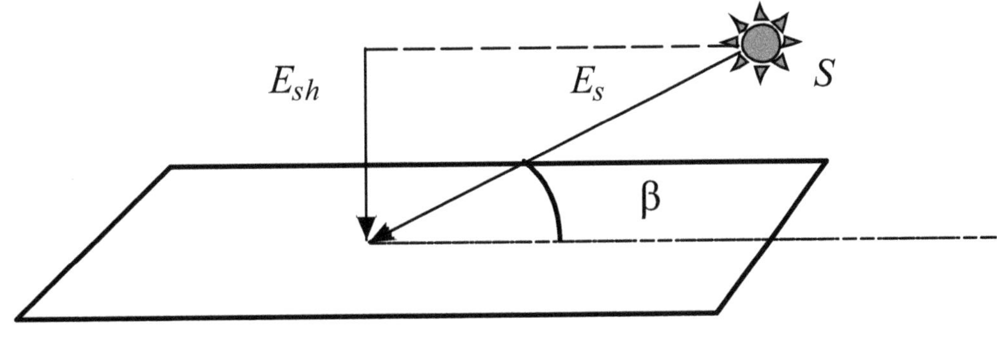

Fig. 1-8

Luego

$$E_{gh} = E_{Sh} + E_{dh} \qquad (1\text{-}11)$$

E_{gh} es la radiación global correspondiente a la *iluminancia energética* de una superficie horizontal sometida simultáneamente a la radiación directa y difusa. Existen tablas que suministran E_{gh} para el caso de cielo claro.

Cuando la superficie receptora no es normal a la dirección de los rayos solares Fig.1-9, la radiación incidente E_i se ve reducida según el *ángulo de incidencia* ***i***. de acuerdo con la expresión $E_i = E_S \cos i$. Siendo ***i***:

$$i = \frac{\pi}{2} - (\beta + \alpha)$$

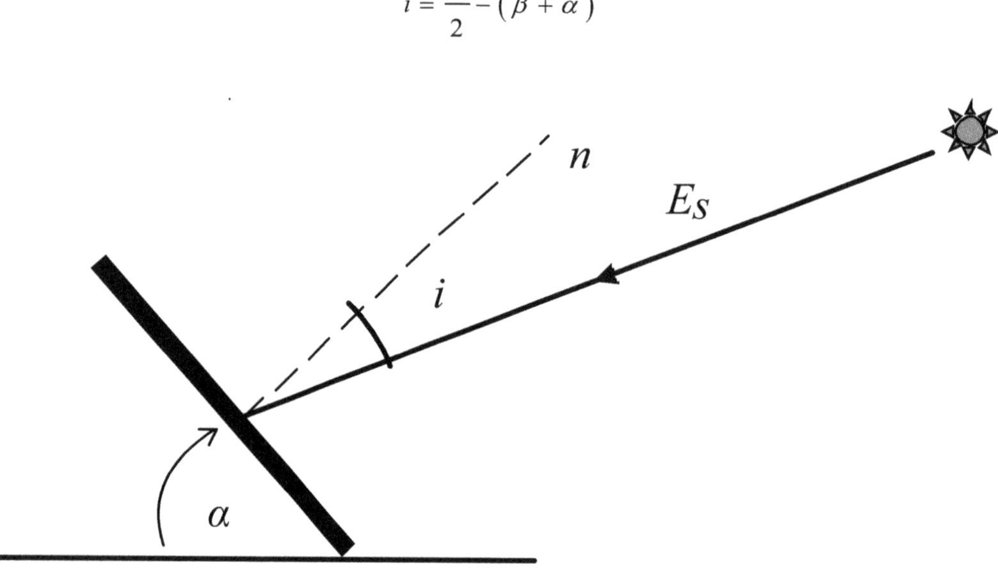

Fig 1-9

Noción de Albedo.

La radiación no es enteramente absorbida por el suelo; precisamente los colores indican reflexiones selectivas y difusas. La fracción de radiación absorbida varía con la longitud de onda.

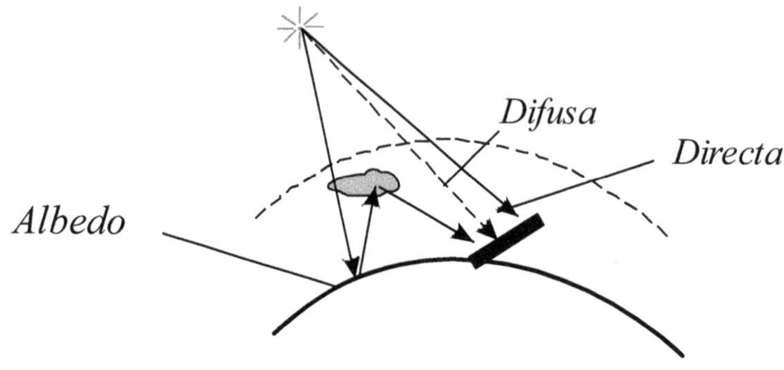

Fig.1-10

El albedo es la fracción de energía incidente difundida por un cuerpo luminoso Fig1-10. En el caso del cuerpo negro el albedo es nulo, pero alcanza valores de aproximadamente *0,90* para la nieve recién caída, *0,75* a *0,25* para praderas y de 0,05 para el mar en verano, aumentando al doble en invierno.

La radiación reflejada es difundida y devuelta a la atmósfera desde donde luego se difunde nuevamente en forma parcial hacia el suelo, dependiendo su porcentaje de la nubosidad media de retrodifusión.

MEDICIÓN DE LA RADIACIÓN GLOBAL.

El aparato destinado a medir en cada instante la *radiación global* que incide sobre una superficie plana a partir de un ángulo sólido de 2π estereorradianes es el ***Piranómetro***, este instrumento acoplado a un ordenador acumula los valores durante todo el tiempo que duran las mediciones. Cuando posee un dispositivo de bloqueo del Sol, puede medir también la radiación difusa.

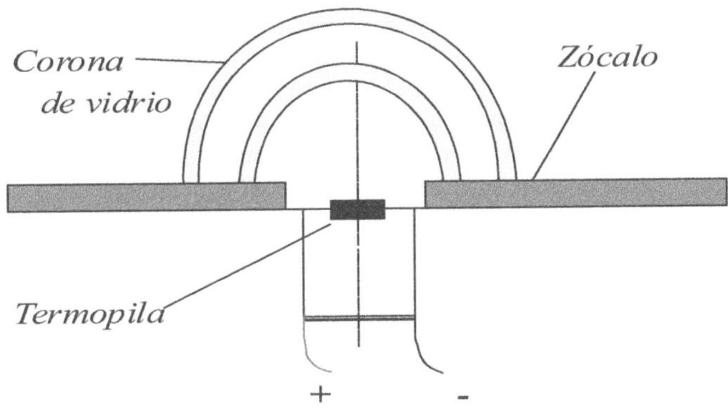

Fig. 1-11

Uno de los más difundidos, es el que se muestra en la Fig.1-11 Consta de una termo-pila contenida en una caja metálica cerrada en su parte superior mediante dos esferas de vidrio de 3 y 5 *mm* de diámetro y 2 *mm* de espesor, que suministra una fuerza electromotriz proporcional a la iluminación energética recibida. La caja esta fija sobre un zócalo metálico pesado y la pila se protege de la luz difundida por el Sol mediante una gran corona blanca circular horizontal que cumple la función de pantalla térmica.

El instrumento se contrasta por comparación con las indicaciones de un ***piroheliómetro*** previamente tarado, el cual indica la radiación solar normal a la superficie receptora. Como el *piranómetro* debe proporcionar el valor de la radiación global, es preciso eliminar la influencia de la radiación difusa.

Como la radiación global que incide sobre una superficie horizontal es:

$$E_g = E_d + E_s sen\beta$$

eliminándo la radiación directa, efectuando la medición a la sombra, mediante el uso de una pantalla, la *f.e.m.* sufre una variación de valor:

$$E_S sen\beta = E_g - E_d$$

Luego conociendo la altura β en función de declinación del Sol, hora y latitud del lugar, podemos hacer corresponder $E_g - E_d$ expresado en milivoltios, con la iluminación energética expresada a su vez en $W.m^{-2}$.

Otra forma de calcular la radiación directa puede ser por:

$$E_S = C.\,\tau^m \qquad (1-12)$$

C es la constante solar y *m* la masa óptica que es función de la altura alcanzada por el Sol.

La transmitancia τ en verano por contener la atmósfera más vapor de agua, es ligeramente menor y está relacionada con la turbidez del aire de acuerdo a los valores que se estiman en la tabla N° 1-2.

Tabla N° 1-2

CIELO	E_S	E_g
Claro	0,90	0,10
Cubierto	-	1,00
Semi cubierto	0,40	0,60

Ejemplo N° 1

Calcular la máxima radiación sobre un plano horizontal para el día 21 *de junio, con cielo claro.*

Elegimos para nuestro caso τ= 0,82

Para encontrar la masa óptica en función de la altura β *nos referimos al gráfico de la Fig.1-4 y obtenemos* β= 35,2° - *Luego por tabla N° 1-1 sacamos m=* 1,77

$$E_S = E_0 . \tau^m = 1360.\ 0{,}82^{1{,}77} = 962{,}09\ W\,m^{-2}$$

$$E_{S\,h} = E_S .\ sen\,\beta = 962{,}09\ .\ 0{,}576\ = 554{,}57\ W.m^{-2}$$

Para el caso de radiación difusa, se pueden tomar como referencia los porcentajes que figuran en la tabla N° 1-3.

Tabla N° 1-3

T	AIRE	τ
1,8	Muy limpio	0,82
2,7	Normal	0,76
3,8	Urbano	0,68
5,1	Industrial	0,60

o recurrir al uso de la fórmula empírica.

$$E_d = 125\ (\text{sen}\ \beta\ )^{0,4}$$

Multiplicando por 3/4 para cielo claro y por 4/3 para cielo tipo urbano se tiene.

$$E_d = 125.\ 0{,}80 = 100{,}2\ W\,m^{-2}$$

para cielo claro será.

$$E_d = 75{,}15\ \text{W m}^{-2}$$

luego la radiación global es.

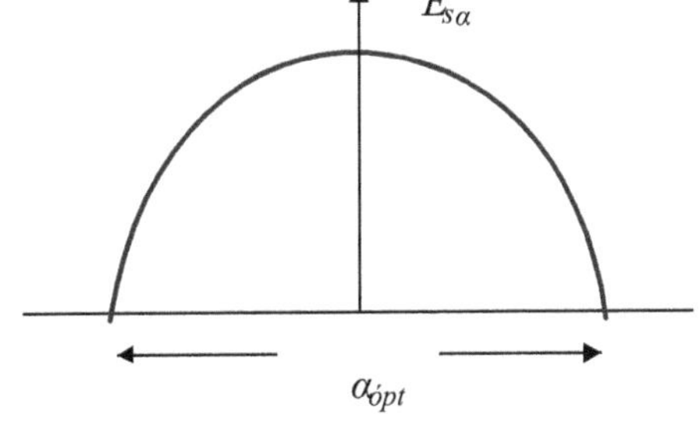

Fig. 1-12

$$E_g = 554{,}57 + 75{,}15 = 629{,}72\ W\,m^{-2}$$

Éstos valores pueden ser obtenidos mediante el uso de tablas y gráficos para cada lugar geométrico en particular.

Para el caso de un plano de inclinación α con orientación Norte, se pueden aplicar las fórmulas:

$$E_{S\alpha} = \text{sen}\ (\beta+\alpha).\ E_S$$

$$E_{d\alpha} = \frac{1 + \cos\alpha}{2} . E_{dh}$$

En la práctica, la radiación difusa se toma igual para todos los planos.

El α óptimo se determina trazando la curva $E_{S\alpha} = f(\alpha)$, de la Fig. 1-12.

Además.

$$\boldsymbol{\alpha_{ópt} = (90 - \beta).} \qquad (1\text{-}13)$$

Para el caso de diferentes estaciones del año, el ángulo α que asegura la mayor captación de energía se estima en función de la latitud φ del lugar de acuerdo a las siguiente expresiones.

Verano: $\alpha = \varphi - 20^o$

Invierno: $\boldsymbol{\alpha = \varphi + 10^o}$ (1-14)

Para todo el año: $\boldsymbol{\alpha = 0{,}9.\ \varphi}$

En cuanto a la orientación, para el hemisferio sur se adopta: ***N ± 20º.***

Teniendo en cuenta que la superficie terrestre recibe globalmente para su captación, aproximadamente 1 KW / m^{-2}, se determina que para casos de bajo consumo de energía, como en la calefacción, refrigeración, agua caliente y algunos otros, es posible su uso mediante colectores planos. La conversión térmica de la radiación solar según sea el tipo de captación, puede ser de aplicación para baja, media y alta temperatura.

Los cálculos de la radiación solar por lo general se basan en datos experimentales del lugar registrados en tablas y gráficos, sin los cuales sería imposible trabajar dentro de parámetros reales, debido a que los valores de la radiación solar son distintos para cada zona geográfica en particular

Las estaciones solares públicas o privadas de las distintas localidades, proporcionan tablas y gráficos de la situación energética solar, esta información es fundamental para quienes deban realizar proyectos de instalaciones solares.

Cuando se trata de instalaciones de tipo estacional, se recurre a tablas en las que se da la radiación promedio mensual, para luego poder calcular la estacional correspondiente al período elegido.

Ciudad	Ene	Feb	Mar	Abr	May	Jun	Jul	Ago	Sep	Oct	Nov	Dic

La Fig. 1-13 muestra un gráfico en el que para cada mes y hora del día se puede obtener E_{gh} en $W.m^{-2}$ y Q_{gh} en $KJ.m^{-2}$ sobre plano horizontal.

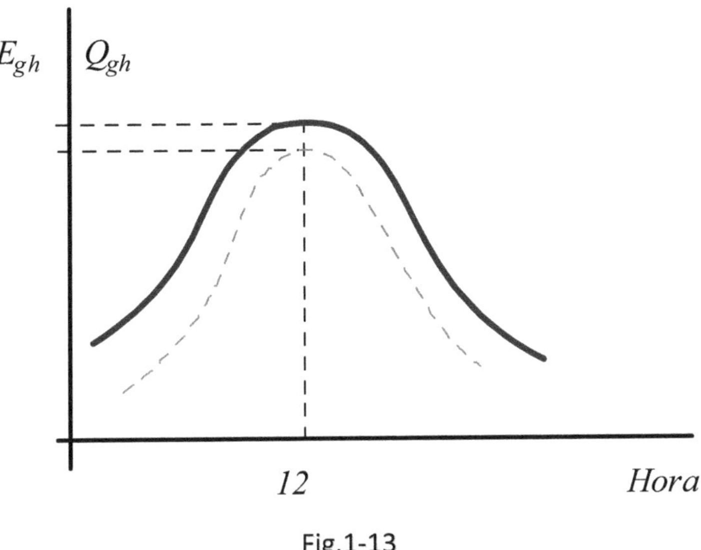

Fig.1-13

En la Fig. 1-14 se aprecian las curvas correspondientes a una radiación máxima y acumulada para días claros en los distintos meses del año, siendo su menor valor para el hemisferio sur en el mes de junio.

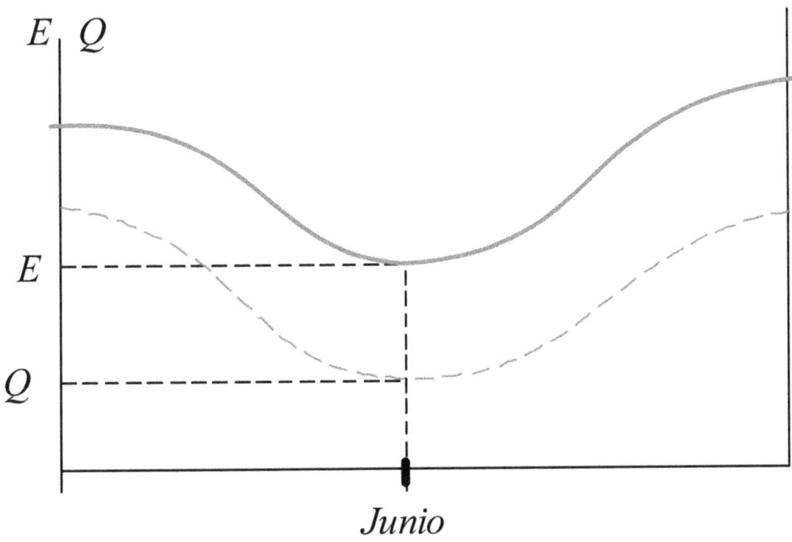

Fig.1-14

Los paneles solares, alcanzan el valor máximo de la energía que captan, en el cenit al mediodía y la mínima al alba y al ocaso. Entre estos puntos extremos, se sitúa una franja denominada, *horas pico de sol* (*HPS*), que corresponde al período horario en el que se cumple que; en condiciones de cielo despejado cada m^2 de superficie capta una energía equivalente a *1 KW.* Este último valor corresponde a una franja horaria que va a depender del lugar geográfico y del período estacional. Sin embargo, para dimensionar deben consultarse las tablas o gráficos correspondientes al valor promedio mensual o anual, ya que, si bien este último no es un valor máximo tiene en cuenta las horas de captación situadas alrededor de las *HPS,* las cuales son también aprovechadas.

A continuación vemos en la Tasbla N° 1.4, los valores de de la radiación E_g incidente para distintas zonas de la Argentina.

Tabla N°1- 4 Energía solar incidente sobre el colector inclinado (φ+10°)- mes: junio

LUGAR	E_{gt}		***LATITUD SUR***
	$\frac{Kcal}{m^2 día}$	$\frac{KJ}{m^2 día}$	
Bahía Blanca	3.100	12.972	38,5
Buenos Aires	3.400	14.212	35
Catamarca	5.580	23.324	28,5
Córdoba	4.740	19.813	31,5
Corrientes	4.520	18.893	27,5
La Rioja	5.560	23.240	29,5
Mar del Plata	3180	13.292	38
Mendoza	4.340	18.141	33
Resistencia	4.520	18.893	27
Rosario	3.560	14.880	33
San Luís	4.770	19.938	33
Santiago del Estero	5.500	22.990	28
San Juan	5.170	21.610	31,5
Santa Rosa	3.240	13.543	36,5
Salta	5.050	21.109	25
Posadas	4.300	17974	27
Tucumán	4.440	18392	27

CAPITULO 2

CONCEPTOS BÁSICOS SOBRE TRANSMISIÓN DEL CALOR.

INTRODUCCIÓN

El calor es una de las formas en que se presenta la energía en el universo y su carácter dinámico es debido a su estado de transferencia permanente que puede ser *conducción, convección o radiación.*

Conducción

Es una forma de transmisión del calor a consecuencia de la interacción energética entre las micro partículas que componen el cuerpo, sin variación de la posición relativa de las mismas.

Convección

Es inherente a los fluidos y ocurre por la diferencias de densidad que se produce en su interior en función de su temperatura. Esta forma de transmisión se conoce como *convección natural.*

Radiación

La transmisión del calor se realiza por ondas electromagnéticas sin necesidad de soporte material.

En la práctica las formas elementales de intercambio térmico no actúan en forma pura y por lo general lo hacen en conjunto.

LEYES FUNDAMENTALES DEL INTERCAMBIO DE CALOR.

La experiencia demuestra que el calor se transmite espontáneamente desde las partes del cuerpo que se hallan a temperaturas más altas hacia aquellas en que es más baja. Al conjunto de valores de la temperatura para todos los puntos del espacio en un instante dado se llama *campo de temperatura.*

La temperatura caracteriza el estado térmico del cuerpo y su potencial termodinámico en función de las coordenadas y del tiempo.

$$T = f(x, y, z, t) \qquad (2\text{-}1)$$

Si la temperatura es función del tiempo t, el campo es *inestable* y es *estable* cuando solo depende de las coordenadas.

$$T = f(x, y, z) \qquad (2\text{-}2)$$

La ecuación fundamental de la transmisión del calor por conductividad en régimen transitorio en un cuerpo inmóvil, se expresa de la siguiente forma:

$$a\left(\frac{\partial^2 T}{\partial x^2} + \frac{\partial^2 T}{\partial y^2} + \frac{\partial^2 T}{\partial z^2}\right) = \frac{\partial T}{\partial t} \qquad (2\text{-}3)$$

$a = \dfrac{\lambda}{c\rho}$: conductibilidad de la temperatura o difusividad térmica.

λ : coeficiente de conductibilidad térmica, que en este caso se considera constante.

c : calor específico.

ρ : peso específico.

En el caso de ser el régimen estable, para deducir la fórmulas de la cantidad de calor transmitido se hace $\dfrac{\partial T}{\partial t} = 0$.

Flujo calorífico.

A la cantidad de calor que se transmite por unidad de área y de tiempo se lo conoce como *flujo calorífico,* Fig. 2-1.

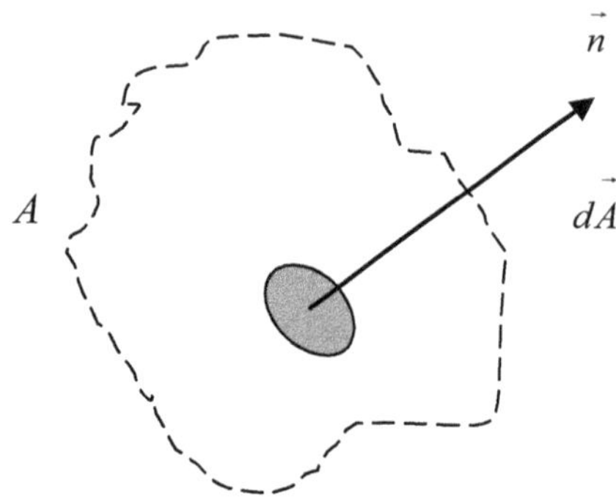

Fig.2-1

En el caso de la conductibilidad térmica el flujo de calor se rige por la ley de *Fourier.*

$$\dot{q} = -\lambda . grad\vec{T} \qquad (2\text{-}4)$$

donde λ es el *coeficiente de conductibilidad térmica.* Es un escalar (caso de un cuerpo isótropo) y se expresa en $W.m^{-2}.K^{-1}$ o $Kcal.m^{-2}h^{-1}K^{-1}$. dependiendo de la naturaleza del cuerpo y de la temperatura.

Transmisión por convección.

Sea el caso de un fluido a la temperatura T_2 en movimiento y en contacto con una pared a una temperatura $T_1 > T_2$. Tal configuración, hace que exista una variación muy fuerte de velocidad en las proximidades de la superficie (capa límite).

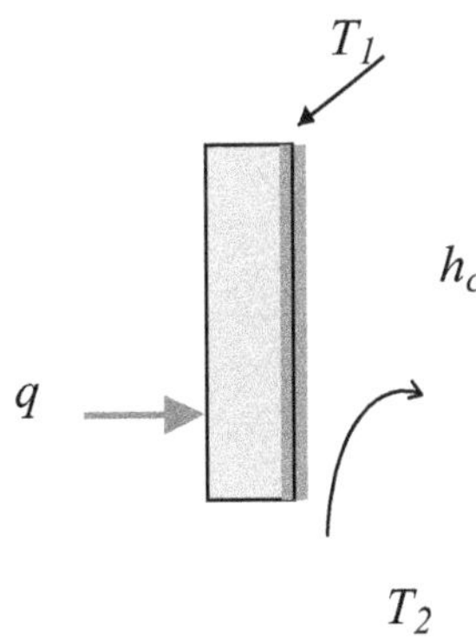

Fig.2-2

De acuerdo a la ley de *Newton.*

$$dQ = h_c \left(T_1 - T_2\right) dA.dt \qquad (2\text{-}5)$$

h_c : coeficiente de intercambio de calor por convección.

T_1 : temperatura de la superficie de la pared.

T_2 : temperatura del fluido en el exterior de la capa límite.

dA : área de la superficie de contacto, sólido-fluido.

dt : tiempo transcurrido.

El coeficiente h_c se expresa en $W.m^{-2}.K^{-1}$ o en $Kcal.m^{-2}.h^{-1}.K^{-1}$.y depende de la naturaleza del fluido, de su velocidad (laminar o turbulento), de la temperatura y del estado de la superficie emisora.

Radiación.

Todo cuerpo a temperatura superior al cero absoluto emite una radiación cuya energía corresponde a un intervalo de longitud de onda $\Delta\lambda_0$ perteneciente a la región espectral emitida por el Sol.

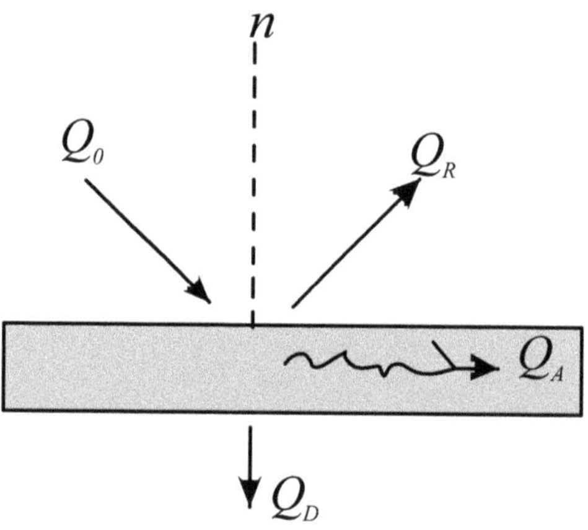

Fig 2-3

Cuando desde un medio se hace incidir un rayo de energía radiante sobre un cuerpo, según sean su naturaleza, podrá reflejarlo, absorberlo o transmitirlo al otro medio.

Es interesante caracterizar la energía incidente.

Se define un factor monocromático de absorción ε_λ dado por la relación entre la energia absorbida y la energía incidente en un intervalo..

$$\varepsilon_\lambda = \frac{(\lambda, \lambda - d\lambda)}{(\lambda, \lambda + d\lambda)}$$

Se define también el factor total de absorción $\boldsymbol{A}$ como la relación entre la energía total absorbida y la energía total incidente.

De manera similar se procede para los factores de reflección ξ y transmisión δ .

Siempre se debe cumplir la relación

$$.i = 0, \mathbb{C} = \frac{2}{3} = 215 \quad \varepsilon + \xi + \delta = 1$$

El cuerpo negro.

Es por definición el cuerpo absorbente ideal. Si bien es cierto que en la práctica es muy difícil lograrlo, una superficie recubierta de negro de humo representa una muy buena aproximación de lo que es el cuerpo negro.

El espectro del cuerpo negro Fig 2-4 esta representado por una curva $E_\lambda = f(\lambda_0, T)$ en la que E_λ es la emisión monocromática correspondiente a una banda de longitud de onda unitaria, a una superficie emisora de área unitaria por segundo

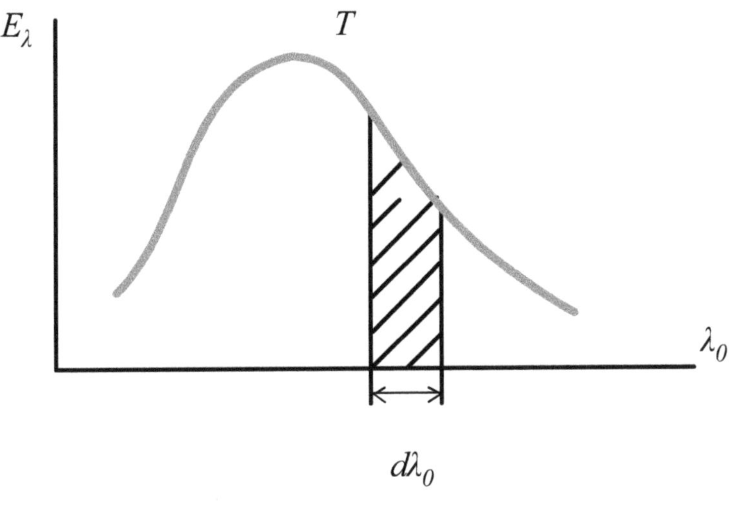

Fig 2-4

La energía radiante emitida por el cuerpo negro en un semiespacio constituido por un ángulo sólido de 2π radianes, por unidad de superficie y de tiempo es.

$$E_N = \int_0^\infty E_\lambda d\lambda_0 \qquad (2\text{-}6)$$

La ley de *Planck* nos permite obtener teóricamente la densidad de flujo térmico E_N aplicando la ley de *Stefan-Boltzmann.*

$$E_N = \sigma . T^4 \qquad (2\text{-}7)$$

Siendo:

σ : constante de *Stefan- Boltzmann* igual a $5,67.10^{-8}\ W.m^{-2}\ K^{-4}$

T : temperatura absoluta del cuerpo emisor.

EMISIÓN DEL CUERPO REAL.

Como ya vimos anteriormente al estudiar las características de la radiación solar, cuando ésta incide sobre una superficie receptora, según sea la naturaleza de ésta, la misma podrá ser reflejada, absorbida o transmitida. Sin embargo, estos fenómenos, para el caso de los cuerpos reales, son parciales y por lo tanto, cuando se trata de cuerpos no negros la densidad de flujo térmico es.

$$E = \varepsilon.\sigma.T^4 \qquad (2\text{-}8)$$

ε : es el factor de emisividad del cuerpo, función de la temperatura del emisor y de su estado superficial, $0<\varepsilon<1$, siendo $\varepsilon=1$ para el cuerpo negro.

Efecto invernadero.

En el caso de las sustancias transparentes que dejan pasar la radiación solar en forma de luz visible, al no ser ésta absorbida, no sufren un calentamiento apreciable.

Algunos cuerpos como el vidrio son transparentes para la luz visible pero no para los rayos cuya longitud de onda pertenecen a la banda ultravioleta o infrarroja que genera el calentamiento de los demás cuerpos no transparentes que el vidrio encierra, comportándose como una verdadera trampa de calor, a la que se la llama *efecto invernadero.*

TRANSMISIÓN TOTAL DEL CALOR.

Como por lo general la transmisión del calor de un medio a otro se hace por conductividad, convección y radiación simultáneas, veremos el caso de una placa como se muestra en la Fig.2-5. en la que α_1 y α_2, son los coeficientes de convección y radiación simultánea a ambos lados de la misma.

Tratandose de un regimen estable.

$$\dot{q} = \alpha_1 (T_1 - T_1')$$

$$\dot{q} = \frac{\lambda}{l}(T_1 - T_2)$$

$$\dot{q} = \alpha_2 (T_2' - T_2)$$

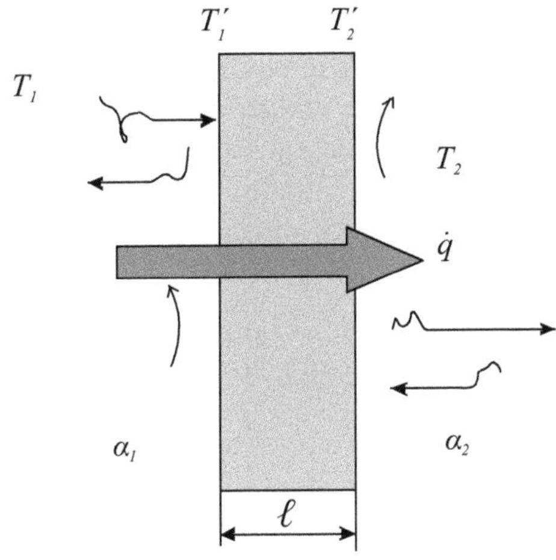

Fig.2- 5

Estas tres ecuaciones sumadas dan:

$$\dot{q} = \kappa\left(T_1 - T_2\right) \tag{2-10}$$

donde:

$$\frac{1}{\kappa} = \frac{1}{\alpha_1} + \frac{l}{\lambda} + \frac{1}{\alpha_2} \tag{2-11}$$

κ : es el coeficiente de transmisión total y se expresa en $W.m^{-2}K^{-1}$ o $Kcal.h^{-1}m^{-2}K^{-1}$.

Como por lo general, la transmisión del calor de un medio a otro se hace, por conductividad, convección y radiación simultáneas, veremos el caso de una placa como se muestra en la Fig.2-5. en la que α_1 y α_2, son los coeficientes de convección y radiación simultánea a ambos lado de la placa

$$\frac{l}{\lambda} = \sum \frac{l_i}{\lambda_i}$$

Luego el coeficiente total de intercambio tiene por valor.

$$\frac{1}{\kappa} = \frac{1}{\alpha_1} + \sum \frac{l_i}{\lambda_i} + \frac{1}{\alpha_2} \tag{2-12}$$

Cálculo de los intercambiadores térmicos.

Un intercambiador térmico es un equipo destinado a transferir el calor de un fluido caliente a otro frío. Cuando la transferencia e realiza a través de una pared, sin mezclar ambos fluidos, se trata de un intercambiador de superficie y en ese caso cada uno de los fluidos circula por cada lado de la misma haciendo que la temperatura de uno disminuya y la del otro aumente, a menos que en uno de ellos durante la transferencia se este operando un cambio de fase.

La circulación de ambos fluidos a cada lado de la pared, puede ser de corrientes paralelas de igual sentido Fig.2-6 (a), o de corrientes paralelas de sentido opuesto, Fig. 2- 6 (b).

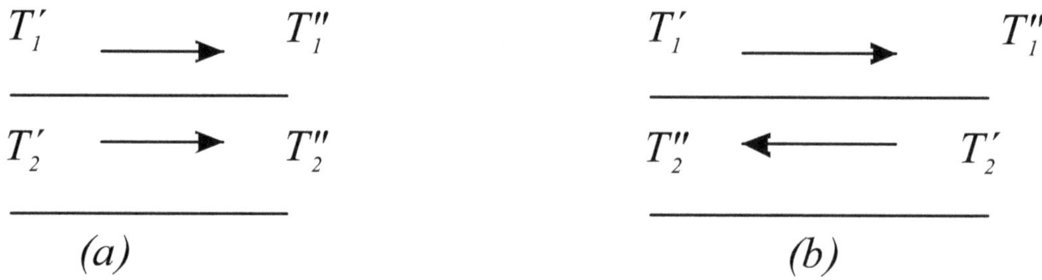

Fig.2- 6

Para su estudio, se hace necesario dividir la superficie de intercambio en elementos infinitesimales para luego poder integrar las ecuaciones diferenciales.

Cálculo de la superficie para la transferencia del calor.

La cantidad de calor trasferida es:

$$Q = \kappa . A . \Delta Tm \qquad (2\text{-}13)$$

Siendo Δtm la *diferencia media logarítmica de temperatura* en la que se tiene en cuenta las variaciones de temperatura a ambos lados de la superficie de intercambio.

$$\Delta Tm = \frac{\Delta T_e - \Delta T_s}{l_n \frac{\Delta T_e}{\Delta T_s}} \qquad (2\text{-}14)$$

siendo: ΔT_e : diferencia de temperaturas a la entrada del intercambiador.

ΔT_s : diferencia de temperatura a la salida del intercambiador.

Para el cálculo de la superficie se utiliza la fórmula.

$$A = \frac{Q}{\kappa} = \frac{l_n \frac{\Delta T_e}{\Delta T_s}}{\Delta T_e - \Delta T_s} \qquad (2\text{-}15)$$

La circulación a contracorriente permite utilizar un intercambiador de menores dimensiones y además es el más frecuente en la mayoría de las instalaciones térmicas.

Caso de un fluido a temperatura constante.

Este es un caso importante que tiene lugar en calderas, condensadores o evaporadores cuando uno de los fluidos sufre un cambio de estado o cuando uno de los fluidos pertenece a una fuente o foco de calor donde la temperatura se mantiene prácticamente constante. Fig 2-7.

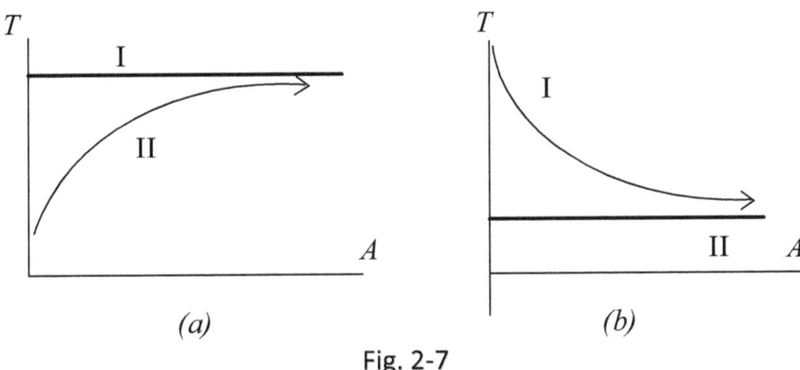

Fig. 2-7

Conociendo las condiciones de entrada al intercambiador y la geometría del mismo, las de salida se dan por las relaciones siguientes.

a)- Fluido caliente a temperatura constante.

$$T_2'' = T_c - (T_c - T_1')\, e^{-\frac{\kappa A}{\dot{m} c}} \qquad (2\text{-}16)$$

b)- Fluido frío a temperatura constante

$$T_2'' = T_f + \left(T_1' - T_f\right) e^{-\frac{\kappa A}{\dot{m} c}} \qquad (2\text{-}17)$$

κ : coeficiente global de intercambio medio a lo largo de la longitud del intercambiador.

c : calor específico medio a presión constante de los fluidos caliente y frío.

A : superficie de intercambio.

Tubo con aleta de espesor constante.

Supongamos que la superficie receptora se asemeja al caso de una aleta de espesor e constante ,altura H y longitud l, Fig.2-8. Siendo el coeficiente de conductibilidad térmica λ .

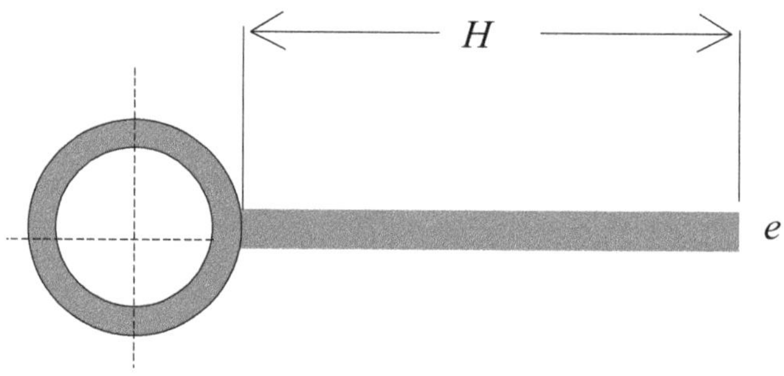

Fig. 2-8

El exceso de temperatura sobre la del ambiente circundante en la base y en el extremo de la aleta son $\Delta T_1 y \Delta T_2$ respectivamente siendo h. el coeficiente de transferencia por convección en la superficie.

En este caso la cantidad de calor Q a transmitir puede ser dada por la fórmula:

$$Q = \lambda.m.A.\Delta T_1.th(mH) \qquad (2\text{-}18)$$

Donde $$m = \sqrt{\frac{h.S}{\lambda.A}} = \sqrt{\frac{h.H}{\lambda.e}}$$

por ser: $A = e.l \qquad S = H.l$ y $\frac{S}{A} = \frac{H}{l}$

Como se deduce de la fórmula 2-18, la cantidad de calor es una función del material, de las superficies y del salto térmico ΔT_1.

CAPITULO 3

CONVERSIÓN TERMICA DE LA ENERGÍA SOLAR.

INTRODUCCIÓN

Según lo requieran las necesidades en cada caso, el aprovechamiento de la conversión térmica de la energía solar, puede ser destinado a:

a) Aplicaciones a baja temperatura.

b) Aplicaciones a media y elevada. temperatura-

Todos los estudios técnicos que están relacionados con el aprovechamiento de la radiación solar exigen conocimientos científicos que comprenden fundamentalmente a la termodinámica, a la óptica, la transmisión del calor y la mecánica de los fluidos.

APLICACIONES A BAJA TEMPERATURA.

CAPTADORES PLANOS.

Los elementos encargados de captar la energía solar incidente se conocen como *Colectores Solares* o *Captadores* y desde el punto de vista constructivo son sencillos y económicos, teniendo la particularidad de transformar con idéntica eficacia la radiación térmica directa y difusa.

El captador plano para *agua caliente sanitaria* ***(A.C.S)*** de uso domiciliario, es el más utilizado y su temperatura de trabajo es de aproximadamente entre 70 y 80° C, pudiendo llegar en los que trabajan al vacío, a 80 ó 90 ° C.

Sus elementos constructivos son los siguientes Fig. 3-1:

a)- Cubierta transparente.

b)- Placa absorbedora.

c)- Tubos para el fluido caloportador.

d)- Aislante térmico.

e)- Estructura soporte.

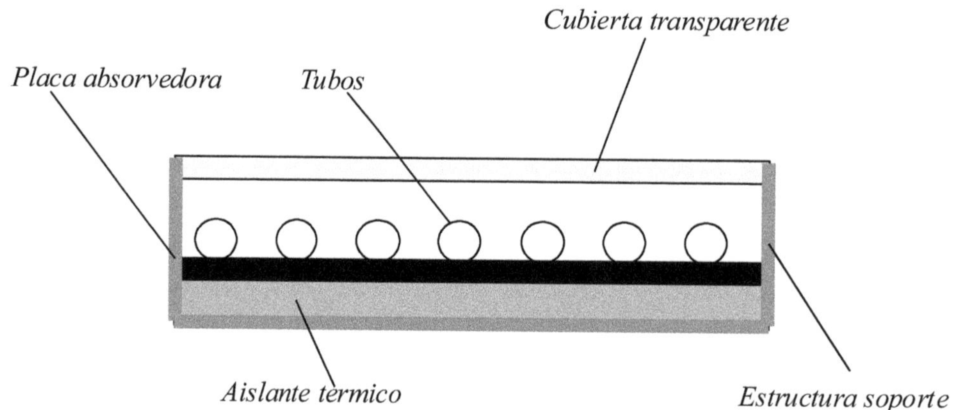

Fig 3-1

a)- Cubierta transparente.

Permite el paso de los rayos solares que inciden sobre la placa del colector y producen lo que se conoce como *efecto invernadero.* Al elevarse la temperatura de la placa absorbedora ésta transmite el calor por contacto directo a los tubos conductores por donde circula el fluido a calentar. Sin embargo, no todo el calor es absorbido y utilizado, ya que la placa emite a su vez calor por radiación dentro de la banda infrarroja y como el vidrio no es transparente en esa longitud de onda, una parte del calor atrapado no vuelve a escapar a la atmósfera.

La temperatura de trabajo es función del recubrimiento utilizado y puede alcanzar hasta 110 ° C, según sea la efectividad del mismo, estimandose que para estos equipos el arranque se inicia con una radiación incidente de aproximadamente 250 $W\,m^{-2}$.

Los materiales rígidos más utilizados en estos casos son:

a-1 Vidrio.

Con un espesor de 3 *mm* el vidrio deja pasar entre 84 y 92 % de la radiación solar normal a la superficie, según sea su grado de pureza.

El óxido de hierro contenido en el vidrio es el que absorbe finalmente las mayores longitudes de ondas de la luz solar y colorea de verde las láminas de vidrio.

a-2. Policarbonato.

Es un material orgánico con un factor de transmisión inferior al vidrio, (83 % de radiación solar normal a la superficie), disminuyendo al cabo de aproximadamente cinco años a 79%. El efecto invernadero es superior al del vidrio incrementándose si se usan placas alveolares de doble pared. Si bien su costo supera al del vidrio, es muy utilizado por su bajo peso, solidez mecánica y por soportar hasta 140 °C de temperatura, sin deformarse.

a-3. Polimetacrilato de metilo.

Conocido como el nombre comercial de plexiglás, tiene propiedades ópticas similares al policarbonato, pero es más frágil y no soporta temperaturas superiores a 95 °C sin deformarse. Sin embargo, se lo prefiere en casos de baja temperatura debido a su bajo costo.

b)- Placa absorbedora.

Es la encargada de transformar en calor la radiación electromagnética recibida por el colector y transmitirlo al fluido calorífico Fig 3-2.

Fig.3 -2

Sus principales cualidades deben ser:

a- factor de absorción ζ próximo a la unidad.

b- poder emisivo ξ en el infrarrojo tan débil como sea posible.

c- buena conductividad λ y difusividad térmica.

d- inercia térmica pequeña.

e- resistencia química al fluido que lo rodea.

Recibe los rayos solares y aumenta la superficie de captación, ya que el área de los tubos de circulación no es suficiente para lograr el efecto deseado.

La placa se recubre con un tratamiento de ennegrecimiento denominado *superficie selectiva* la cual tiene un alto grado de absorción y poca emisividad.

En las tablas 3-3 y 4-3 se dan los valores de los coeficientes de absorción ε ξ y de emisión ε .

Tabla N° 3-3 Coeficiente de absorción y de emisión solar.

Estado de la superficie	ζ	ε(35°	ε(280°)	ζ/ε (280°)
Acero inoxidable	0,74	0,13	0,18	4,24
Pintura epóxi negra	0,95	0,90	0,92	1,03
Pintura epóxi blanca	0,24	0,89	0,92	0,27

Tabla N° 3-4 Coeficiente de emisión y absorción en onda corta y larga

Material	***Onda Corta***		***Onda Larga***	
	ε	*ξ*	*ε*	*ξ*
Cuerpo negro	*0,00*	*1,00*	*0,00*	*1,00*
Chapa galvanizada	*0,64*	*0,36*	*0,74*	*0,26*
Chapa envejecida	*0,10*	*0,90*	*0,72*	*0,28*
Fibrocemento nuevo	*0,60*	*0,40*	*0,04*	*0,96*
Fibrocemento viejo	*0,29*	*0,71*	*0,04*	*0,96*
Hormigón visto	*0,35*	*0,65*	*0,06*	*0,94*
Ladrillo común	*0,35*	*0,65*	*0,05*	*0,95*
Revoque blanco	*0,80*	*0,20*	*0,08*	*0,92*
Madera clara	*0,40*	*0,60*	*0,05*	*0,95*
Mármol blanco pulido	*0,54*	*0,46*	*0,07*	*0,93*
Metales pulidos	*0,85*	*0,15*	*0,94*	*0,06*
Mampostería piedra-clara	*0,43*	*0,57*	*0,05*	*0,95*
Negro de humo	*0,03*	*0,97*	*0,05*	*0,95*
Pintura oscura	*0,25*	*0,75*	*0,05*	*0,95*
Pintura clara	*0,75*	*0,25*	*0,05*	*0,95*
Pintura de aluminio	*0,45*	*0,55*	*0,45*	*0,55*
Vidrio claro común	*0,07*	*0,03*	*0,08*	*0,92*
Vidrio absorbente	*0,05*	*0,70*	*0,08*	*0,92*

c-. Tubos para circulación del fluido caloportador.

Los tubos colectores por donde circula el fluido caloportador están adheridos a la placa absorbente para limitar las pérdidas térmicas y aumentar la captación de la radiación incidente. Además, el material de transmisión, debe ser de alto valor de conducción, como son el latón, bronce, cobre, aluminio y otros.

Los tubos que forman una parrilla, en sus extremos van unidos ya sea en *forma rígida* Fig.3- 2 o *flotante* Fig.3-3, a dos colectores de mayor diámetro, denominados *distribuidores terminales* externos, siendo uno de entrada para el agua fría por la parte inferior del captador y otro de salida del agua caliente por la parte superior.

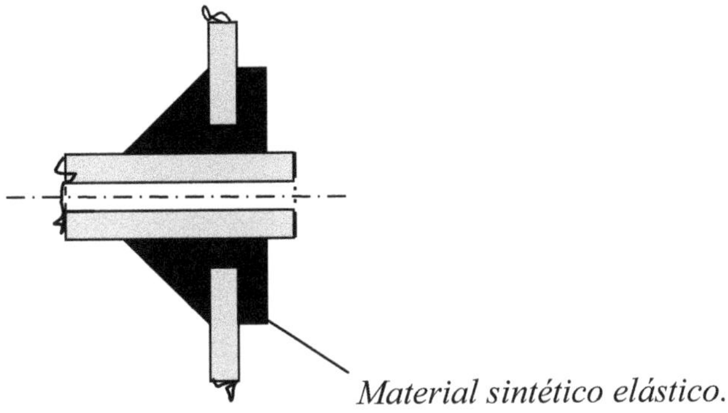

Fig. 3-3

Para el caso de tubos flotantes, el material sintético elástico utilizado como reten en la unión entre los tubos y el colector, deberá reunir condiciones de resistencia al calor y a la acción de los rayos U. V.

Otra forma de captar la energía térmica de la placa absorbente, es mediante el uso de un serpentín adherido internamente a ella y unido por sus extremos a los distribuidores de entrada y salida del colector.

d.- Aislante térmico.

El aislamiento juega un papel muy importante para las aplicaciones térmicas de la energía solar.

Los materiales aislantes se pueden clasificar en tres categorías:

a- ***Aislantes minerales*** como son la lana de vidrio, la vermiculita expansionada o la piedra pómez.

b- ***Aislantes vegetales*** entre los que se cuentan la madera o las cenizas vegetales.

c- ***Aislantes plásticos*** como la espuma de poliuretano el poliestireno expandido y otros.

En todos los casos se trata de sustancias de poca densidad y bajo coeficiente de conductividad térmica, ya que encierra un gas (generalmente aire) en su estructura fibrosa o porosa.

Para los casos de aislamiento de tubos, se deberá contemplar la condición de "*diámetro criticode aislamiento*"(1)

(1) *Ver "Transmisión del Calor"del autor.*

e.- Estructura Soporte.

Es la encargada de soportar todos los componentes citados anteriormente y por lo general esta moldeada en aluminio u otros materiales de similares características en cuanto a peso, resistencia mecánica y a la corrosión.

Como se trata de un componente expuesto a la intemperie, deberá estar completamente sellado para asegurar su estanqueidad.

Fluidos caloportadores.

Son los encargados de transportar el calor entre el absorbente y la utilización o almacenamiento.

Los más usados actualmente son:

Aire

Agua

Agua + anticorrosivo + anticongelante

Aceite térmico

Agente químico

Freón

Otros líquidos orgánicos a base de polifenicos hidrogenados o de hidrocarburos.

Potencia calorífica transmitida por el fluido caloportador.

Consideremos un fluido a la temperatura T'_f que debe ceder únicamente calor sensible a un ambiente a la temperatura T''_f por medio de un canal cilíndrico de radio ***r***, Fig.2-4.

Supongamos que las dimensiones del intercambiador fuesen infinitas y la temperatura de salida del fluido caliente sera $T''_f = T_2$

En ese caso la potencia calorífica será:

$$\dot{Q}_c = \dot{m}_f . c_p \left(T'_f - T_2 \right) \qquad (3-1)$$

$\dot{m}_f$ = flujo másico de fluido.

c_p= calor específico a presión constante del fluido calorífico.

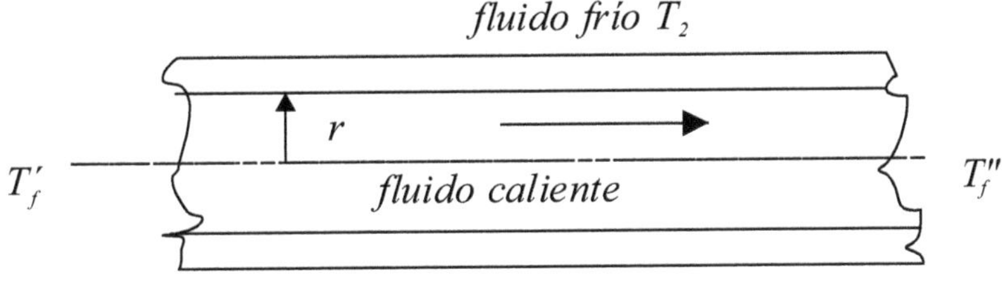

Fig. 3-4

Además

$$\dot{m}_f = V.A.\delta$$

Esto nos hace ver que cuando c_p es alto y δ lo suficientemente grande, la cantidad de calor transferida es mayor y las dimensiones son menores, demostrándose así, que pueden obtenerse cantidades de energía muy grandes con bajas temperaturas del fluido poniendo en juego flujos intensos. Sin embargo, es preferible caracterizar los niveles de energía por los niveles de temperatura y no por las cantidades de energía. O sea que si nos referimos a la unidad de masa de un cuerpo cualquiera, se dice que una energía es alta cuando su temperatura es elevada (noción de entalpía).

Parámetros que influyen en la conversión térmica de la energía solar.

La radiación solar que incide sobre una superficie esta en función de factores importantes como son:

Latitud del lugar.

Cota sobre el plano horizontal.

Período del año.

Instante del día.

Naturaleza de la capa atmosférica.

A su vez, la aplicación térmica depende de la influencia de parámetros que pueden clasificarse en:

Parámetros solares.

Radiación global E_g.

Posición del Sol dada por su altura β y azimut α.

Duración de la insolación.

Parámetros externos.

Temperatura exterior t_{bs}.

Humedad relativa φ.

Velocidad del viento sobre el captador.

Parámetros geométricos internos.

Inclinación α

Orientación

Superficie del captador.

Diámetro de entrada del fluido.

Parámetros de funcionamiento.

Temperatura de entrada del fluido.

Flujo Calorifico

Factor de concentración, para el caso de concentradores.

Potencia térmica $\dot{Q}$ del captador.

$$\dot{Q}_C = \dot{m}_f . c_{mf} . \left(T_f'' - T_f'\right) \qquad (3-2)$$

siendo.

T''_f temperatura de salida del fluido en el captador.

T'_{f1} temperatura de entrada del fluido en el captador.

c_{mf} calor específico medio del fluido.

$\dot{m}_f$ caudal másico del fluido.

Característica del funcionamiento de los captadores planos.

La determinación se puede encarar por dos caminos distintos:

1)- Régimen permanente.

2)- Régimen transitorio.

El primero es el más utilizado y considera E_{sh} constante en intervalos de tiempo dados (una hora, por ejemplo) además, se admiten algunas simplificaciones que eliminan las cantidades de calor absobidas por los materiales que constituyen el captador. El segundo método es más laborioso.

Veremos cuales son las temperaturas que intervienen en el captador plano. Fig.3-5

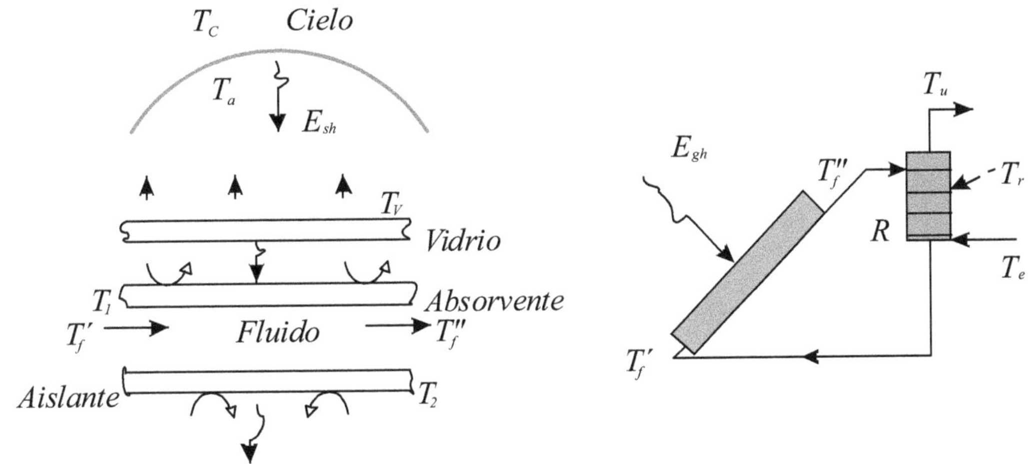

Fig.3-5

Cada uno de estos parámetros corresponden a:

T'_f temperatura del fluido al entrar

T''_f temperatura del fluido a la salida.

T_u temperatura de utilización.

T_e temperatura de entrada.

T_r temperatura dentro del recipiente.

T_1 temperatura del absorbente.

T_2 temperatura del aislante.

T_v temperatura del vidrio.

T_a temperatura del aire circundante.

T_c temperatura del cielo.

la temperatura media del fluido es $\frac{T_f'' + T_f'}{2}$

y la notación utilizada es la siguiente:

Variables	Indice
t = tiempo T = temperatura c = calor específico h= coeficiente de convección ε= factor de emisión ξ= factor de absorción τ= transmitancia A=área	v=vidrio a_b= absorbente f= fluido a= aire ambiente R= recinto u= utilización e= fluido entrante

El balance energético que corresponde al funcionamiento de los distintos componentes del colector son:

1-. *Vidrio.* -Suponemos que A_a~ A y ε~ 1 (cuerpo negro)

$$m_v c_v \frac{dT_v}{dt} = Q_1 + Q_2 + Q_3 - Q_4 - Q_5$$

en donde:

$Q_1 = A.E_{sh}\varepsilon_v$ calor absorbido por el vidrio.

$Q_2 = A.\sigma.\varepsilon_v(T_1^4 - T_v^4)$ calor radiado del absorbente hacia el vidrio

$Q_3 = A.h_{1_v}.(T_1 - T_v)$ calor convectivo desde el absorbente hacia el vidrio

$Q_4 = A.\sigma.\varepsilon_v(T_v^4 - T_c^4)$ calor radiado desde el vidrio hacia el cielo.

$Q_5 = Ah_{v_a}\left(T_v - T_a\right)$ calor convectivo del vidrio hacia el exterior.

2-.*Absorbente.-*

$$m_1.c_{1m}\frac{dT_1}{dt} = A_a.E_{sh}.\tau_v - Q_2 - Q_3 - Q_6$$

$$Q_6 = A_a.h_{1f}\left(T_1 - T_f\right)$$

3-*Fluido calorífico en el interior del captador.*

$$M_{f}.c_{mf}.\frac{dT_f}{dt} = Q_6 - Q_7 - Q_8$$

Siendo $Q_7 = A_a.h_{fa}\left(T_f - T_a\right)$

y $Q_8 = \dot{m}_f.c_{mf}\left(T_f'' - T_f'\right)$ calor absorbido por el fluido.

4-*Almacenador*

En este caso se desprecia el calor irradiado hacia el exterior, siendo el calor almacenado en el depósito:

$$\dot{Q}_R = M_R.c_{mR}\frac{dT_R}{dt} = \dot{m}_f\, c_{mf}\left(T_f'' - T_f'\right) - Q_9 - Q_{10}$$

$Q_9 = A_R.h_{Ra}\left(\bar{T}_R - T_a\right)$, el área se refiere a la superficie exterior del recipiente.

$\bar{T}_R$ es la temperatura media del depósito.

$Q_{10} = \dot{m}_u\, c_{mu}\left(T_u - T_e\right)$, donde T_u es la temperatura de utilización $\approx T_R$

5-*Ecuación de circulación del fluido calorífico.*

$$\oint R\,dl + \sum Z_i = \oint \rho.g.dz + \Delta P$$

Dónde:

$\oint R.dl$: pérdidas de carga lineales.

$\sum Z_i$: pérdidas de carga locales.

ΔP : carga creada por la bomba en caso que ésta exista.

R: pérdida de carga por unidad de longitud.

Se dispone de cinco ecuaciones para la determinación de seis incógnitas que son: $T_v, T_1, T_f', T_f'', T_R, \dot{m}_f$.

Admitiéndose que en el depósito no exista cambiador, que, $T_f' \approx T_R$ y que, ademas para el caso de circulación forzada $\dot{m}_f$ es constante, tenemos que resolver cuatro ecuaciones con cuatro incógnitas, planteando el siguiente sistema de ecuaciones:

$$\frac{d}{dt}(T_v) = f_1(T_v, T_1, t)$$

$$\frac{d}{dt}(T_1) = f_2(T_v, T_1, T_f, t)$$

$$\frac{d}{dt}(T_f) = f_3(T_v, T_1, T_f, T_R, t)$$

$$\frac{d}{dt}(T_R) = f_4(T_v, T_1, T_f, T_R, t)$$

Este sistema puede resolverse por el método de *RUNGE KUTTA,* debiéndose fijar solamente la magnitud geométrica del sistema y las condiciones iniciales de temperatura y tiempo Δt elegido.

Rendimiento del captador solar.

El rendimiento del captador está vinculado a las características de funcionamiento y tiene gran influencia en la selección de los mismos.

El rendimiento del captador η_c para un intervalo de tiempo (t_1, t_2) es:

$$\eta_c = \frac{\int_{t_1}^{t_2} m_f c_f \left(T_f'' - T_f' \right)}{\int_{t_1}^{t_2} A_C E_{gh}(t)\, dt} \qquad (3-3)$$

Donde E_{gh} es la componente energética solar global incidente.

Como vemos, esto no es otra cosa que la relación entre el calor ganado por el captador en el intervalo de tiempo (t_1, t_2) y la radiación incidente en el mismo.

Como el valor de E_{gh}, se puede obtener en forma experimental, considerando su valor promedio y haciendo:

$$Q_c = \eta_c . A_c . E_{gh} \qquad \text{se obtiene, despejano.}$$

$$\eta_c = \frac{Q_C}{A_c . E_{gh}} \qquad (3-4)$$

siendo

$$Q_c = Q_a - Q_p$$

en la cual

Q_c calor acumulado en el captador.

Q_a el calor absorbido.

Q_p calor perdido.

la determinación del calor absorbido es.

$$Q_a = F . E_{gh} . \tau . \xi . A_c \qquad (3-5)$$

dónde:

F : factor de efectividad, que pone en evidencia la relación entre la cantidad de calor realmente extraída y la que correspondería si el absorbente estuviese a la temperatura del fluido. Al ser $T_f \leq T_1$, será $F \leq 1$

τ transmitancia térmica

ξ coeficiente de absorción.

Tomando en cuenta las pérdidas del captador plano.

$$Q_P = Q_4 + Q_5 + Q_7$$

ya que, en régimen permanente existen gradientes de temperatura negativos desde el absorbente hacia el exterior, por las dos caras del captador.

Además.

$$Q_4 + Q_5 = \kappa_c . A_c \left(T_1 - T_a\right)$$

$$Q_7 = \kappa_2 A_c \left(T_1 - T_a\right)$$

κ_1 y κ_2, son los coeficientes de transmisión total expresados en $W.\ m^{-2}\ .K^{-1}$

Para el caso de un captador ideal, $F \simeq 1$ y $T_1 \simeq T_1$. Esto último, generalmente se verifica porque de un lado del absorbente hay un fluido muy convectivo (fluido calorífero) y al otro lado uno poco convectivo como es el caso del aire, Esto ultimo, hace que $\left(T_1 - T_f\right)$ sea muy pequeño del lado del fluido convectivo. Haciendo operaciones llegamos a que.

$$\eta_c = F.\tau.\xi - \kappa_t \frac{\left(T_f - T_a\right)}{E_{gh}} \qquad (3-6)$$

siendo $\kappa_t = \kappa_1 + \kappa_2$ A continuación, en la Fig.3 -6 vemos la curva de variación de η_c en función de $\frac{\left(T_f - T_a\right)}{E_{gh}}$.

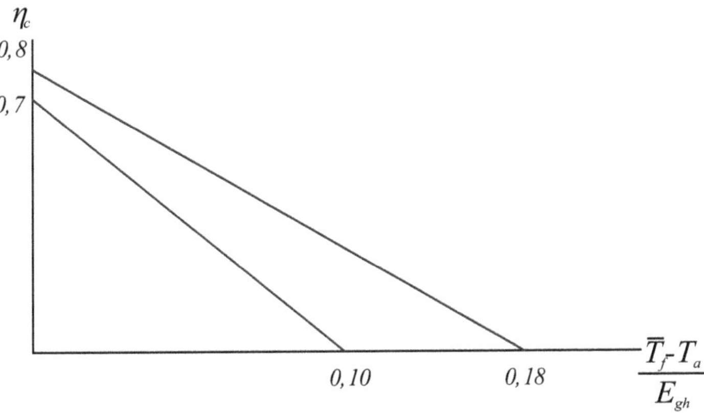

Fig.3-6

Obsérvese que de acuerdo a las condiciones (E_{gh}, T_a) impuestas por la naturaleza, el rendimiento disminuye cuando T_f aumenta. Es importante destacar en este caso,, que el valor de T_f va a depender en gran medida del caudal y del sistema de almacenamiento.

En la práctica, el captador plano tiene muy buen rendimiento si la temperatura del absorbente es baja, lo cual significa que el fluido calorífico que circula en contacto con el absorbente también lo es.

Como puede apreciarse, el rendimiento aumenta cuando disminuye la temperatura ambiente a igualdad de las otras condiciones.

INERCIA TÉRMICA DE LOS COLECTORES.

El problema de la inercia térmica en la mayoría de los casos, no es tratado con la importancia que se merece.

Las ecuaciones de funcionamiento en régimen permanente son las únicas que dan soluciones analíticas simples, pero no tienen en cuenta la inercia térmica, lo que si ocurre en las ecuaciones:

$$E_{sh} = f(t) \qquad \text{y} \qquad \dot{Q}_c = f(t)$$

realmente válidas y que se establecen en régimen transitorio

La evaluación de la inercia de un sistema se realiza a partir de métodos experimentales simples que se basan en fijar la temperatura de entrada T_f' y un flujo $\dot{m}_f$, luego se toma la temperatura de salida T_f'' ¨.Lo anterior, permite determinar el flujo térmico aplicando. ¨

$$\dot{Q}_c = \dot{m}_f c_f \left(T_f'' - T_f'\right)$$

luego, con ayuda de un piranómetro se determina el valor de $E_{gh} = f(t)$, para lo cual el aparato se ajusta para cualquier inclinación. Con estos datos, se obtienen curvas como se muestra en la Fig.3-7 donde el punto 0, se toma para el Sol al amanecer.

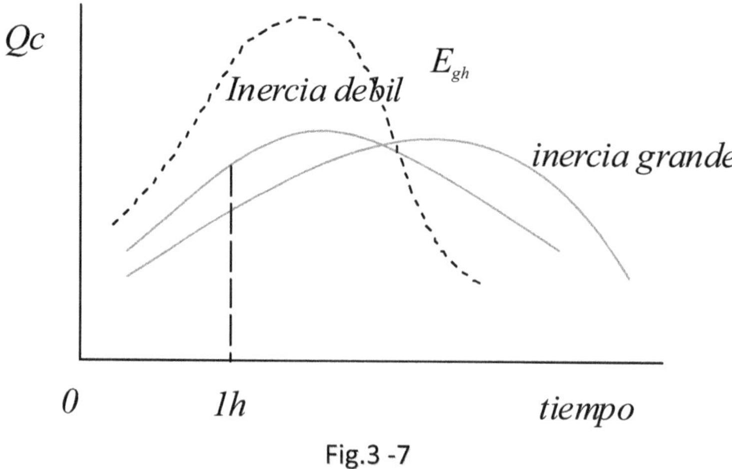

Fig.3 -7

El ensayo permite comparar al cabo de un tiempo $t=1hora$, el comportamiento de $\dot{Q}_c = f(t)$ para diferentes captadores, usando integrales del tipo $\int_0^{t_0} \dot{Q}_c dt$.

La inercia térmica es un elemento importante en aplicaciones relacionadas con la calefacción rápida de fluidos, los colectores deben estar bien aislados para que la misma sea siempre relativamente grande, a menos que el equipo posea un buen rendimiento.

Como se aprecia en la Fig. 3-7, $\dot{Q}_c = \dot{Q}_c(t)$ esta defasada respecto a $E_{gh} = E_{gh}(t)$, (representada en línea discontinua). Esto ocurre, porque parte del calor incidente absorbido se utiliza en el calentamiento del colector, lo cual hace que se deban tener en cuenta las capacidades caloríficas dadas por $\sum m_{ci} c_{ci}$ para las distintas partes afectadas. Si la capacidad calorífica es grande, estamos frente a un colector de gran inercia térmica por lo cual las curvas $\dot{Q}_c$ y E_{hg} están muy desfasadas. En cambio si es pequeña, la inercia térmica es débil.

Otro aspecto a tener en cuenta durante la variación de temperatura del captador, es el proceso de difusión de la energía incidente hacia el fluido calorífero.

Una difusividad térmica $a = \frac{\lambda_a}{\delta_a c_a}$ elevada, en la que λ_a es la conductividad térmica del absorbente, δ_a su densidad y c_a su calor específico, favorece la transmisión del calor por conductividad hacia el fluido calorífero.

A los fines de poder comparar la inercia térmica de diferentes colectores, podemos definir a la misma como:

$$I_T = \frac{\sum C_{ic}}{\alpha} \qquad (3-7)$$

Esta expresión, también puede ser aplicada a otros tipos de cambiadores térmicos.

RENDIMIENTO GLOBAL DE LA INSTALACIÓN.

El rendimiento global de la instalación es:

$$\eta_g = \frac{\int_{t_1}^{t_2} \dot{Q}_R(t)\,dt}{\int_{t_1}^{t_2} A_c.E_{gh}(t)\,dt} \qquad (3-8)$$

dónde, $\dot{Q}_R = \dot{Q}_{PR} - \dot{Q}_{\Pr}$

$\dot{Q}_R$: Cantidad de calor almacenada en el depósito.

$\dot{Q}_{\Pr}$ pérdidas en el depósito

$\dot{Q}_{PR}$ perdidas en las canalizaciones por rozamiento.

Si se desea realizar el cálculo del rendimiento global para todo el período comprendido entre(t_1, t_2) se hace.

$$\int_{t_1}^{t_2} \dot{Q}_R(t)dt \quad \text{y} \quad \int_{t_1}^{t_2} A_c E_{gh}(t)dt$$

Este cálculo, se facilita mediante el uso de curvas como las que se muestra en la Fig. 3-8

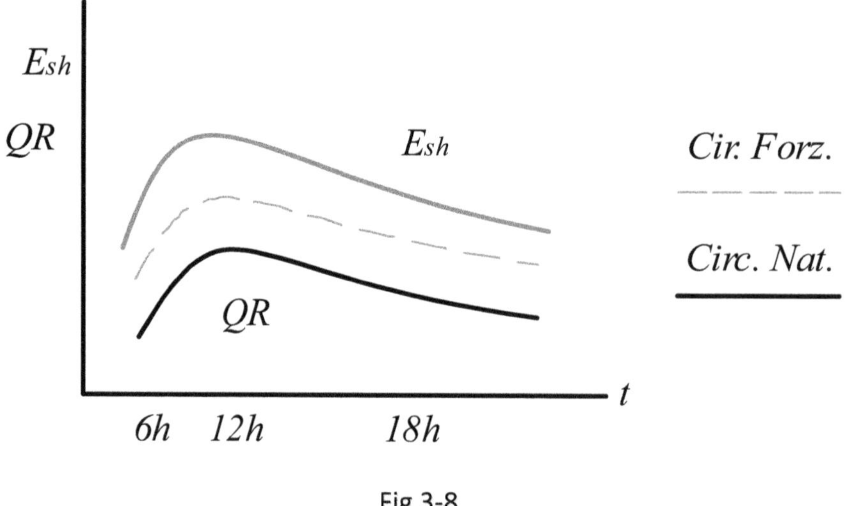

Fig.3-8

CAPITULO 4

CAPTACIÓN DE LA ENERGÍA NECESARIA PARA EL A. C. S.

INTRODUCCIÓN.

La obtención de agua caliente para uso sanitario mediante energía solar térmica puede realizarse mediante el sistema de circulación por termosifón para casos de viviendas de tamaño reducido. El sistema se hace mucho mas complejo cuando se trata de grandes edificios, industrias o comercios, donde es necesario agotar todas las técnicas tendientes al máximo aprovechamiento de la instalación.

Para instalaciones destinadas a viviendas unifamiliares es conveniente contar con la información necesaria que aportan los instaladores y empresas fabricantes de insumos para este tipo de emprendimientos, ademas, el número de habitantes de la vivienda, hábitos de consumo, etc.

En instalaciones grandes el cálculo es más laborioso y complejo, por lo que muchas veces es conveniente recurrir a algún programa informático que nos permita simular antes del montaje, cual será el rendimiento energético a obtener en el sistema.

ESTUDIO PRELIMINAR.

Al realizar el proyecto del sistema de energía solar para agua caliente sanitaria o climatización, se debera tener en cuenta el conjunto de factores necesarios para conseguir la máxima integración de los componentes externos en el entorno arquitectónico, además de la obtención del máximo rendimiento energético. Se citan a continuación algunos de los factores a tener en cuenta.

- Si bien la orientación de los paneles será hacia el norte en el hemisferio sur y al sur en el hemisferio norte, no siempre es probable poder conseguir ese objetivo, ya que por razones de integración arquitectónica, a veces nos vemos obligados a realizar algún ajuste con la consiguiente pérdida de energía que es preciso calcular.
- En el caso de incorporar filas de paneles, se debe cuidar que estos no proyecten sombra que afecte la captación de la radiación.
- Determinar si la instalación es estacional o permanente ya que esto incide sobre el dimensionado de los paneles. En el caso de ser estacional (por ejemplo para los meses estivales), con sistema de apoyo para el resto del año, su dimensionado es

considerablemente más reducido que si es permanente, ya que en este último caso, hay que sobredimensionar con el consiguiente exceso de energía en el verano.

- Siempre se debe contemplar el cumplimiento de las normas vigentes para instalaciones de este tipo.
- Obtener previamente los datos climatológicos del lugar en donde se realizará el emplazamiento de la instalación.

CALCULO DEL CAPTADOR

El dimensionado comprende los m^2 de captación y los m^3 de acumulación para el período previsto. Esto último, implica contar con los siguientes datos.

- Previsión del consumo total de agua caliente sanitaria en el período de uso diario.
- Fijar la temperatura de utilización.
- Temperatura media estacional del agua fría de entrada al sistema.

Con los valores anteriores se procede al cálculo de la demanda de energía externa para el período de un día:

$$\dot{Q} = \dot{M} .c_{pf}.\rho.\left(T_f'' - T_f'\right) \qquad (4-1)$$

siendo:

$\dot{M}$: Consumo de A.C.S en $l / día$

ρ : Densidad del líquido en Kg / l

c_{pf} : calor específico del fluido $Kwh / Kg.K$

T_f'' -temperatura de salida del fluido calorífico ºC

T_f' - temperatura de entrada ºC.

Los captadores deben ser calculados para proveer la cantidad de calor necesaria para el calentamiento del agua de consumo diario, la cual se puede estimar en no menos de 50 *lts/ persona*

La temperatura de acumulación del tanque es en la mayoria de los casos $T_R \approx T_f'' \approx 50$ºC.

Sin embargo, no toda la energía captada es aprovechada, ya que desde el colector hasta el acumulador hay pérdidas por conducción en las cañerías, estimándose las mismas en función del recorrido y tipo de aislamiento usado.

Para determinar de la superficie del captador, se parte de la igualdad.

$$\dot{Q} = E_{gh} A_c \eta_c \qquad (4-2)$$

E_{gh} : es la radiación captada por m^2 y por día sobre la superficie inclinada del colector, según las horas de insolación y la latitud del lugar, (ver Tabla Nº 1-4).

A es la superficie de captación.

En lo referente al rendimiento del colector η_c , depende de los ensayos realizados para la determinación de la curva correspondiente.

Despejando de la ecuación (4-2) obtenemos en primera aproximación la superficie del colector solar como.

$$A_c = \frac{\dot{Q}}{\dot{E}_g \eta_c} \qquad (4-3)$$

La fracción solar (FS).

En el dimensionado de las instalaciones uno de los aspectos importantes a tener en cuenta es lo que se conoce como la *fracción solar* (FS), la cual se refiere a la cobertura solar dada por la relación entre la energía obtenida y la demanda calculada, o sea:

$$FS = \frac{\dot{Q}_u}{\dot{Q}_c} \times 100 \qquad (4-4)$$

Siendo

$\dot{Q}_u$ energía transferida al sistema.

$\dot{Q}_C$ energía demandada.

Como la energía captada depende del mes considerado, el FS se sitúa entre ciertos límites, salvo que se adopte un sobredimensionado. Por lo general en los cálculos se le asigna al FS un valor de $0,35 \leq FS \leq 0,85$ y se recurre a un sistema de apoyo durante los meses más desfavorables, con lo cual se hace.

$$FS = \frac{Q_u}{Q_c + Q_{ap}} = 1$$

donde

$$Q_{ap} = Q_u - Q$$

Con los valores del *FS* y del rendimiento η_g de la instalación, la superficie de captación necesaria para cada período estacional es

$$A_c = \frac{FS_{est}.\dot{Q}}{E_{gh}.\eta_g} \qquad (4-5)$$

en la cual FS_{est} es el factor según la estación del año.

La superficie a adoptar debe ser el valor superior más próximo a los captadores disponibles comercialmente.

CAPTADOR Y DEPÓSITO TÉRMICO.

Según como sea la circulación del fluido caloportador entre el captador y depósito, los sistemas pueden ser:

a) SISTEMAS DE CIRCULACIÓN NATURAL:

En este caso, la circulación del fluido se debe al movimiento convectivo que se realiza por la diferencia de densidades producidas por los cambios de temperatura.

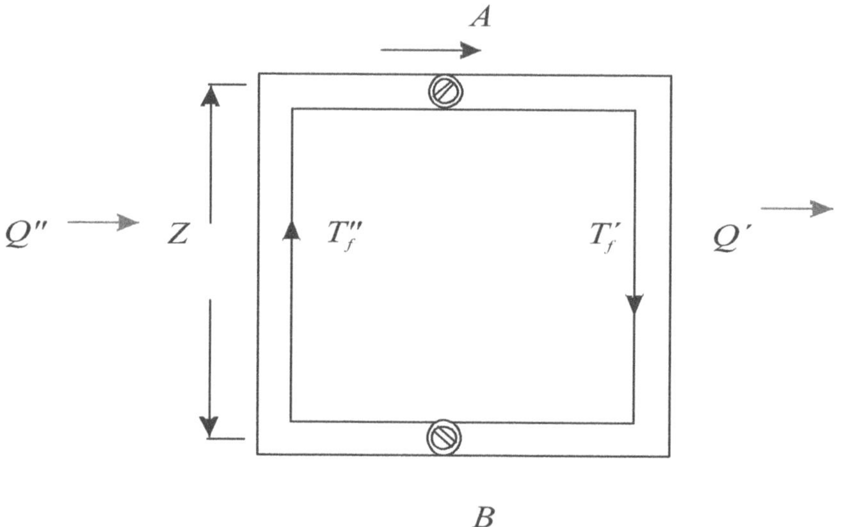

Fig.4-1

Se demuestra que el fluido se pone en movimiento desde las zonas más calientes a las más frías en el sentido que indica la Fig. 4-1

La carga Δ_p creada por la diferencia de temperatura en las dos ramas tiene el valor:

$$\Delta_p = z\left(\rho_{T_f'} - \rho_{T_f''}\right)$$

ρ : es el peso específico del fluido calorífero.

Este sistema exige un captador con un recipiente R a una altura H$\geq$ 0,30 m sobre el mismo. Fig 4-2. La velocidad de circulación del fluido se obtiene igualando Δ_p a las pérdidas de carga lineales y locales, debiéndo ser los diámetros de las canalizaciones lo suficientemente amplios para facilitar la circulación.

Su configuración hace que esté menos expuesto a los problemas creados por las bajas temperaturas debido a que durante la noche puede invertirse la circulación, por lo que en algunos casos, se deben usar válvulas unidireccionales para evitarlo.

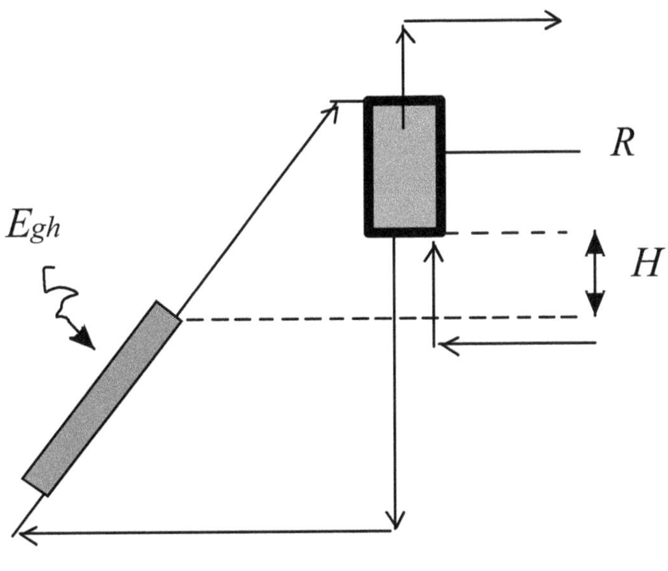

Fig. 4-2

b) SISTEMA CON CIRCULACIÓN FORZADA.

En los sistemas con circulación forzada Fig. 4-3 existe la posibilidad de usar diámetros de tubería más pequeños y ubicar además el acumulador R en cualquier lugar del circuito, para ello es preciso contar con una bomba que trabaje entre el colector y dicho acumulador

El sistema consta de:

1- Bomba de circulación.
2- Vaso de expansión
3- Válvulas de seguridad
4- Sistema de control.
5- Instrumentos de medida y sensores.
6- Tuberías de circulación.

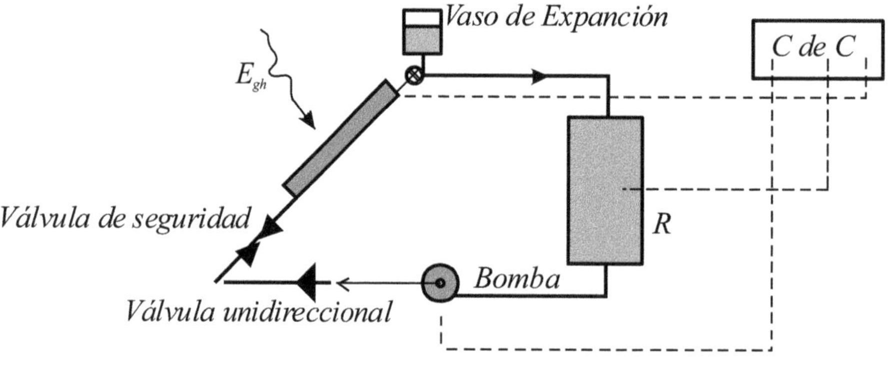

Fig. 4-3

Bomba de circulación.

Se trata de un componente electromecánico que hace circular un caudal de fluido previsto a la velocidad y presión que necesita el sistema. La bomba debe emplazarse en el retorno de la cañería, muy próxima a la fuente de calor. El motivo, entre otros, es que ahí el agua que impulsa está más fría que en el resto de la instalación.

Para seleccionar la bomba nos basamos en los siguientes datos:

a- Cantidad de calor a proveer en *KJ/hora*
b- Pérdida de carga en *mm c.a,* para la longitud de cañería.
c- Salto térmico Δt en *ºC.*
d- Calor específico del fluido en *KJ/ Kg. ºC.*
e- Densidad del fluido a la temperatura de trabajo en *Kg/ litro.*

Si la demanda es:

$$\dot{Q} = \dot{V}.\delta.C_p.\Delta t$$

despejando obtenemos el caudal en *litros/hora.*:

$$\dot{V} = \frac{\dot{Q}}{\delta . C_p . \Delta t} \qquad (4-6)$$

En la Fig. 4-4 se observa la curva de la instalación. Además, hay que tener en cuenta que al aumentar la contrapresión a la salida de la bomba, disminuye el caudal que circula y en caso contrario, el mismo aumenta.

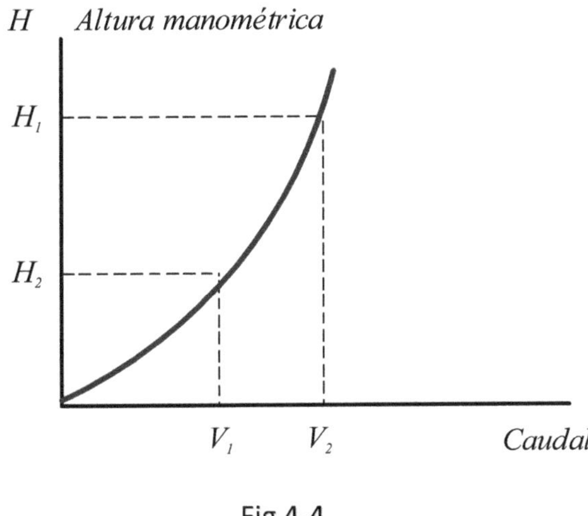

Fig 4-4

La curva de trabajo de la bomba es la que se muestra en la Fig. 4-5.

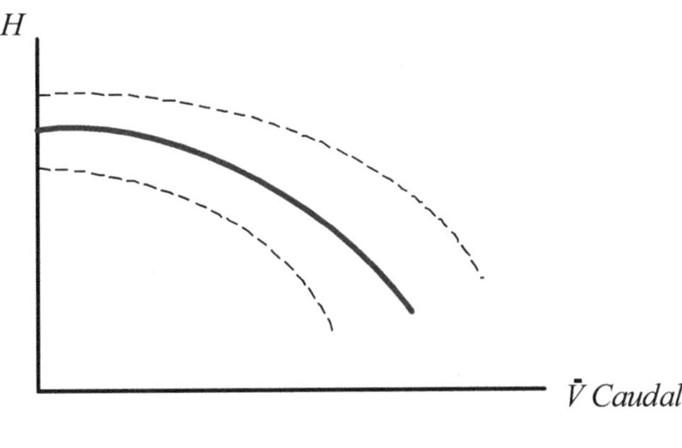

Fig 4-5

Si se superponen sobre una misma escala la curva de instalación y la de la bomba, se obtiene el *punto de trabajo P* en el lugar geométrico donde ambas se cruzan. Fig. 4- 6.

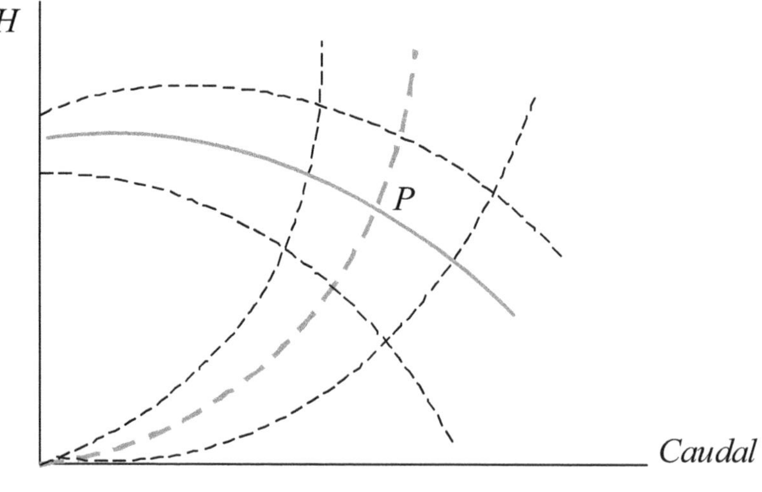

Fig. 4- 6

De acuerdo a la teoría general de las bombas centrífugas, se deben tener en cuenta los siguientes lineamientos.

- El caudal es directamente proporcional al número ***n***, de *r.p.m.*

$$\frac{\dot{V}_1}{\dot{V}_2} = \frac{n_1}{n_2} \qquad (4-7)$$

- La altura manométrica es proporcional al cuadrado del número de revoluciones *r.p.m.*

$$\frac{H_1}{H_2} = \left(\frac{n_1}{n_2}\right)^2 \qquad (4-8)$$

- La potencia entregada es proporcional a la tercera potencia del número de revoluciones *r.p.m.*.

$$\frac{N_1}{N_2} = \left(\frac{n_1}{n_2}\right)^3 \qquad (4-9)$$

Otra forma de calculo es partiendo de una bomba, cuya altura manométrica es conocida. Con el trazado del sistema y en las condiciones más desfavorables se procede del siguiente modo.

1)- Se fija la presión de la bomba en *mm columna de agua.*

2)- Se le resta a ese valor un *30 %* para ocasionales resistencias.

3)- Con el valor remanente de la presión se determina la pérdida de carga en *mm c.a /metro.*

4)- Con la pérdida de carga y la demanda de energía requerida se determinan los diámetros necesarios de las tuberías, mediante el uso de tablas o gráficos.

En algunos casos, se procederá a la inversa dimensionando la bomba en función de las pérdidas de carga, pero se debe tener en cuenta para éste caso, que la misma, según sea el tipo de instalación. La pérdida deberá estimarse entre *18 y 28 mm c.a / metro,* para instalaciones medias y de *36 a 500 mmc.a / metro* para las mas grandes.

Vaso de expansión.

Como las variaciones de temperatura del fluido dan lugar a cambios de volumen y presión del líquido, afectando el buen funcionamiento de la instalación, se deberá disponer de un *"vaso de expansión"* para mantener la presión dentro de los valores normales.

El vaso puede ser del tipo cerrado o abierto y es el absorbedor de los cambios de presión como consecuencia de los de temperatura del fluido. Está constituido por una almohadilla o membrana de presión dispuesta en un depósito cerrado, de tal forma tal que separa el fluido, cuya densidad puede cambiar a consecuencia de los incrementos de temperatura. El espacio de expansión es el ocupado por el aire o nitrógeno. Además el aparato cuenta con una válvula de seguridad para limitar la presión al valor especificado.

Válvulas de seguridad y control. Es el conjunto de válvulas, de vaciado, llenado, unidireccionales y otras, como también, sensores de temperatura que dan la información necesaria a la *Central de Control,* para regular el funcionamiento de la bomba de circulación.

Las válvulas pueden ser de:

a- Seguridad, para prevenir presiones excesivas.

b- Unidireccionales, colocadas en el circuito de retorno a continuación de la bomba.

c- Purga colocadas a la salida del colector, para eliminar los gases del circuito hidráulico.

d- Drenaje, para vaciado del sistema hidráulico.

e- Apertura y cierre de circulación del fluido.

Sistema de Control.

Para el caso de instalaciones de circulación forzada se utiliza un sistema electrónico que a través de una central de una central de regulación diferencial gobierna el arranque, parada y velocidad de la bomba de circulación intercalada en el circuito primario, en función del diferencial de temperatura entre la salida del captador solar y la del acumulador. La información se recibe mediante la instalación de dos sensores, que para el caso de instalaciones de baja temperatura, son resistencias del tipo NTC (resistencia de coeficiente negativo) con recubrimiento metálico introducidas dentro de una vaina para poder ser sumergidas en el líquido en circulación. Para instalaciones de alta temperatura se usan termopares que utilizan el efecto *Seebek* para su funcionamiento.

El sistema puede ser completado con sensores que permiten tener información sobre el calor acumulado, cantidad de líquido en el depósito, promedio de temperaturas y otros.

Central de Regulación

Realiza fundamentalmente las siguientes operaciones:

a- Control de arranque, parada y velocidad de las bombas de circulación, en función de un diferencial de temperatura de valor previamente establecido entre la salida del colector solar y el depósito o intercambiador térmico. Mediante la instalación de un sofware específico y un PC se puede programar el control del equipo.

b- Limitar la temperatura máxima del ACS según sea el criterio de seguridad adoptado.

c- Poner en funcionamiento el sistema auxiliar de apoyo en los casos en que la instalación no aporte la energía térmica que es necesaria.

Por lo general, la temperatura diferencial de arranque de la bomba de circulación se programa para cuando la temperatura de salida del líquido caloportador del captador solar supera en 6 ℃ la temperatura del depósito. La bomba es detenida cuando la diferencia es de aproximadamente 4 ^{o} C. Según sea el código de edificación de cada lugar los valores anteriores pueden variar

La central de regulación, basa su funcionamiento en un microcontrolador y en una memoria interna o externa que contiene los parámetros de la configuración inicial. Básicamente se compone de:

- Teclado para la introducción de parámetros de funcionamiento.
- Visor de situaciones formado generalmente por un conjunto de de leds independientes o por dígitos del tipo LCD o similar de una o dos filas de caracteres, o también combinando ambos componentes.
- Salida para el control de las bombas de circulación y también para el caso de activar el sistema auxiliar de apoyo.
- Entrada de configuración analógica procedente de las resistencias tipo NTC.

Instrumentos de medida y sensores

La instalación consta de instrumentos de medida tales como, termómetros de inmersión o capilares para tuberías, de 0 a 120 ºC. Manómetros de 0 a 6 $Kg.cm^{-2}$, para medición de la presión en los lugares que se considera necesario.

Tuberías de circulación.

Son las que completan el circuito hidráulico, uniendo los diferentes componentes del mismo con el colector y el acumulador. Las tuberias podrán ser metálicas o de otro material aprobado para instalaciones sanitarias, dependiendo en cada caso de cual, deberá ser la función a cumplir.

ACUMULADORES.

La configuración básica de un acumulador esta compuesta por:

Carcasa

Por lo general se usa acero galvanizado con recubrimiento electroquímico.

Aislamiento

De espuma de poliuretano flexible de 60 a 70 mm para los de gran volumen o de material similar de 30 a 40 mm para los más pequeños.

Cilindro

Corresponde al depósito portador de **ACS** .Se emplea acero inoxidable o material similar con su interior vitrificado o esmaltado con una capa de 100 a 200 μm . Además, puede poseer un ánodo de magnesio para proteger el acero de la acción oxidante surgida de los microporos que se producen con el paso del tiempo en el revestimiento.

La protección se completa con una válvula de seguridad que en caso de ser necesario evacua fluido para limitar la presión hidráulica del interior del depósito al valor especificado por el fabricante

Las principales especificaciones son:

- Capacidad de ACS en litros.
- Temperatura máxima del depósito en grados.
- Presión máxima del depósito en bares.
- Peso estando vacío.

En el caso de incorporar un medio calefactor de apoyo, se deberá especificar:

- Capacidad del circuito calefactor.
- Temperatura máxima de calentamiento.

El depósito debe estar previsto para acumular la cantidad de agua necesaria para el consumo, aún en los casos en que no se disponga de suficiente radiación solar para calentar la misma, para ello se debera aumentar en un 50% la capacidad de consumo diario estimada por persona. No obstante, siempre es conveniente contar con alguna fuente de energía convencional para mantener la temperatura del agua en los valores que se han adoptado.

Sistemas de acumulación con un fluido.

Este dispositivo con capacidad para retener la energía térmica, posee mayor eficacia que cualquier intercambiador tubular o de placa.

El intercambio termico se hace por mezcla y tiene el inconveniente de que el fluido que circula por el captador solar se renueva constantemente, con el inevitable depósito de sarro en el acumulador *R* y en la parte interior de los tubos.

Según la Fig.4-7:

1-Llegada desde el captador

2-Salida del captador

3-Agua fría de la red

4-Agua caliente de utilización

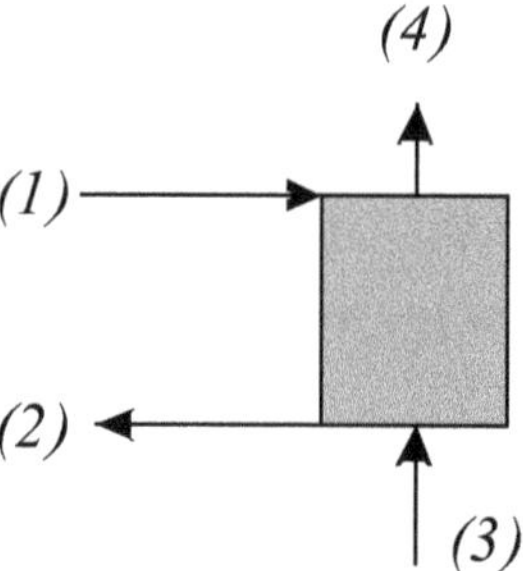

Fig.4 -7

Estos acumuladores pueden incorporar al sistema un calefactor, o un intercambiador de calor como medio de apoyo

Sistemas con dos fluidos.

Como se observa en la Fig.4-8 el mismo cuanta con un intercambiador integrado y es el más utilizado cuando se trabaja con circulación forzada.

Este sistema con intercambiador integrado, es el más utilizado cuando se trabaja con circulación forzada.

De acuerdo a la Fig.4-8 tenemos:

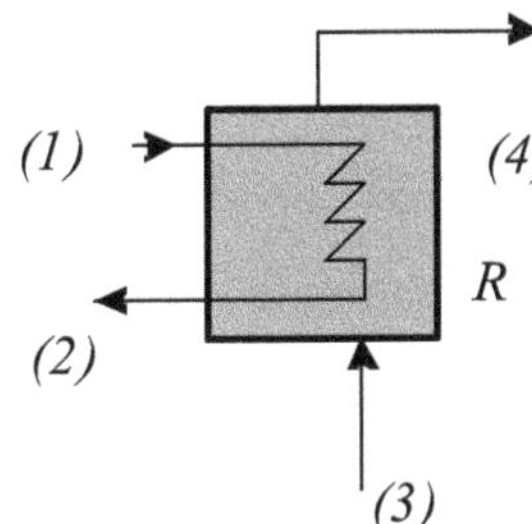

1- Fluido procedente del captador

2- Fluido hacia el captador

3- Agua fría de la línea

4- A.C.S para utilización

Fig. 4-8

Como se comprenderá, con esta disposición, no existe peligro de congelamiento ni depósitos de sales, ya que el agua es calentada por el intercambiador

y se dirige a la parte superior del acumulador *R*, para luego ser extraída para el consumo.

Acumulador con doble serpentín.

Como se observa en la Fig.4-9 el acumulador puede contener dos serpentines intercambiadores de calor para ser utilizados, uno de ellos como intercambiador básico entre el fluido del captador solar y el ACS y el otro para el sistema de apoyo con energía térmica procedente de un calentador auxiliar.

A las especificaciones dadas anteriormente para los acumuladores, en este caso, se deben agregar:

- Superficie de intercambio del serpentín superior en m^2.
- Superficie de intercambio del serpentin inferior en m^2.

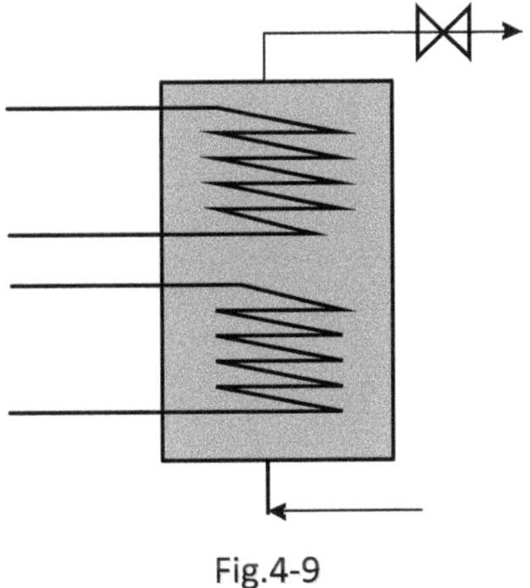

Fig.4-9

DIMENSIONADO DEL INTERCAMBIADOR.

El calculo se realiza siguiendo los lineamientos que figuran en "*Transmisión para fluidos en movimiento" Cap.V I,* del texto "*Transmisión del Calor*",del autor.

Llamando S al área de intercambio en el depósito R y admitiendo que T_R (temperatura del fluido en el depósito), es prácticamente constante en la zona próxima al intercambiador Fig. 4- 10.

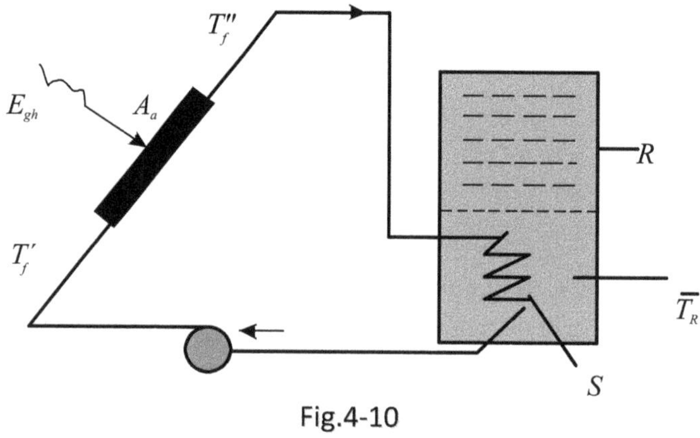

Fig.4-10

La cantidad de calor puesta en juego por el sistema es:

$$\dot{Q}_r = \kappa S \frac{T_f'' - T_f'}{l_n \dfrac{T_f'' - \bar{T}_R}{T_f' - \bar{T}_R}}$$

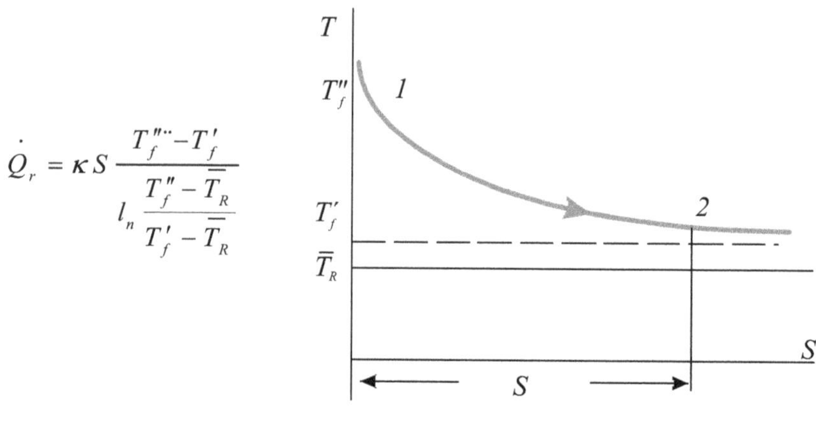

Fig. 4-11

luego despejando

$$S = \frac{\dot{Q}_r}{\kappa} \frac{l_n \dfrac{T_f'' - \overline{T}_R}{T_f' - \overline{T}_R}}{T_f'' - T_f'} \qquad (4\text{-}10)$$

en la que:

$$\frac{1}{\kappa} = \frac{1}{h_1} + \frac{e}{\lambda} + \frac{1}{h_2}$$

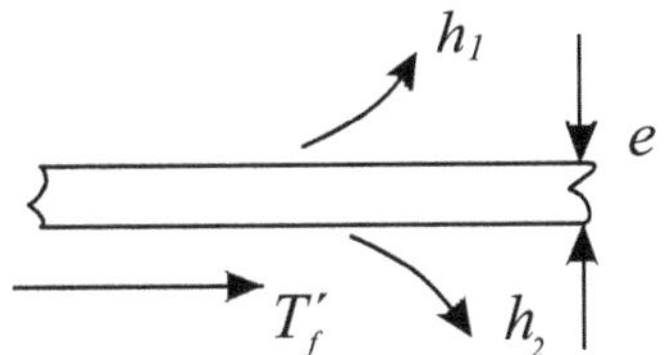

Fig. 4-12

es la resistencia térmica.

El calor cedido en R tiene el valor.

$$\dot{Q}_r = \dot{m}_f c_f \left(T_f'' - T_f'\right) = E_{gh} A_a \eta_c$$

A_a es el área aproximadamente igual a la del absorbente del captador.

Es preciso comprobar que el punto 2 que representa la salida del captador, esté correctamente ubicado sobre la curva de la Fig. 4-11. En caso de no ser así, se debe trabajar sobre el flujo para lograr desplazar dicho punto.

En el caso del ***panel captador*** se plantea el siguiente fenómeno. La cantidad de calor transmitida desde el absorbente al fluido por unidad de tiempo a través de un elemento de superficie dA_a, se determina

$$dQ = \kappa\left(T_1 - T_f\right) dA_a = \dot{m}_f c_f dt$$

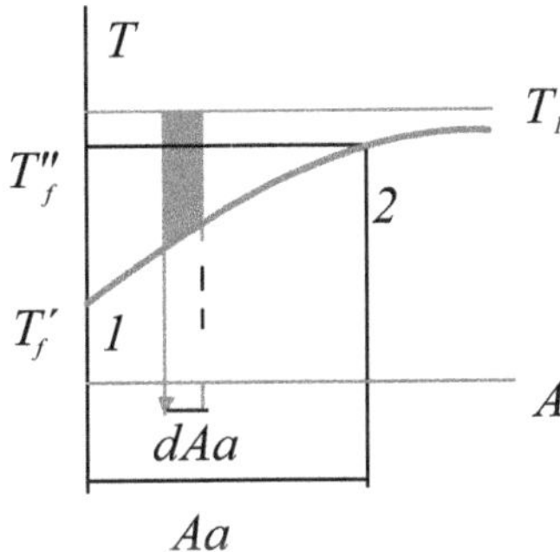

Fig 4-13

Y teniendo en cuenta que la diferencia de temperatura entre los medios, a lo largo de la superficie de calefacción es:

$\Delta_t = \Delta t.e^{-m\kappa A_a}$ siendo $\dot{m} = \frac{1}{\dot{m}_f c_f}$

y A_a la superficie de intercambio.

resulta $(T_1 - T_f'') = (T_1 - T_f')e^{\frac{-k' A_a}{\dot{m}_f c_f}}$ $(4-11)$

Esto último, nos dará $T_f = f(A_a)$.

Es importante en el cálculo, ajustar las dimensiones para que la eficiencia sea lo más alta posible.

ALMACENAMIENTO DEL CALOR.

Debido a que no existe una coincidencia entre los períodos de disponibilidad de la energía solar con los de consumo, se hace necesario disponer de una capacidad de almacenamiento, la que sin duda para el funcionamiento del sistema es tan importante como el propio captador ya que define el valor de la temperatura media $\overline{T_f}$ del fluido caloportador, actuando indirectamente sobre el rendimiento del mísmo.

Tipos de almacenamiento.

El almacenamiento puede realizarse en forma directa o indirecta.

Almacenamiento indirecto es cuando se transforma la energía captada en otros tipos, como son la energía eléctrica, química etc.

Almacenamiento directo es aquel en el que la energía solar se almacena en forma de calor. De este último, nos ocuparemos a continuación.

Los parámetros que permiten definir el depósito almacenador son los siguientes:

- duración del almascenamiento.
- cantidad de energía a almacenar.
- temperatura definida para el sistema receptor.

En base a lo anterior, el proyectista decidirá el tipo de almacenamiento más adecuado a los circunstancias, adoptando para ello:

- calor sensible.
- calor sensible y latente.

- calor de reacción.

Calor sensible: Es cuando el calor almacenado aumenta la temperatura del cuerpo receptor (sólido, líquido o gaseoso), sin provocar ningún cambio de fase.

Calor sensible y latente: El calor se almacena por cambio de temperatura y por cambio de fase del cuerpo receptor, siendo la restitución por cambio inverso de fase.

Calor de reacción: El calor almacenado implica un cambio químico del cuerpo receptor por reacción endotérmica reversible, siendo la reacción inversa exotérmica, restituyendo el calor almacenado.

Almacenamiento por calor sensible.

Es uno de los más usado en las instalaciones de energía solar y la cantidad de calor que se puede almacenar en un período de tiempo (t_1, t_2) en un recipiente *R* de sección transversal S_r Fig. 4-14 en cuyo interior se encuentra un cuerpo de capacidad calorífica C_R se determina haciendo el siguiente razonamiento:

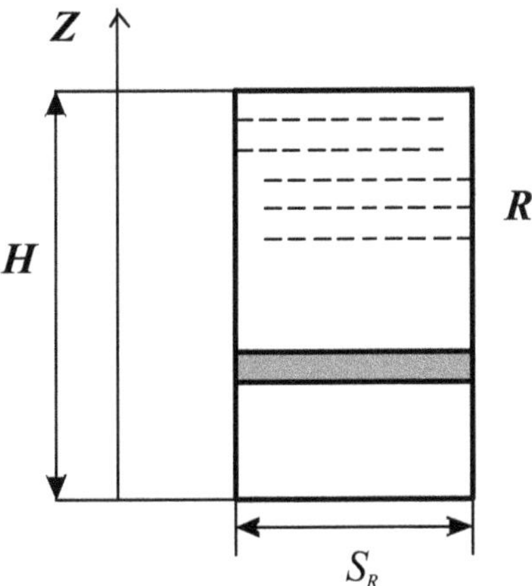

Fig. 4-14

La distribución de temperatura en el instante t_1 es de la forma:

$$T_R = T_R(z, t_1) \qquad (4\text{-}12)$$

En el instante t_2 a consecuencia de una entrega de calor, o una extracción del mismo, se tiene:

$$T_R = T_R(z, t_2) \qquad (4\text{-}13)$$

Luego la cantidad de calor almacenada en el intervalo de tempo (t_1, t_2) es:

$$q_R(t_1,t_2) = \int_0^R \delta_R S_R C_R T_R(z,t_2) - T_R(z,t_1)\,dz \qquad (4\text{-}14)$$

Cuando en el instante inicial $t = 0$, la temperatura en el recipiente es uniforme e igual a la temperatura ambiente T_a la ecuación anterior se transforma en:

$$q_R(t) = \int_0^R \delta_R S_R C_R T_R(z,t)\,dz - m_a C_R T_a \qquad (4\text{-}15)$$

siendo m_a la masa de agua almacenada.

Los materiales de almacenamiento deben poseer las siguientes características:

- estabilidad química
- alta densidad para reducir las dimensiones de la instalación.
- baja toxicidad
- buena conductividad y difusividad térmica.
- bajo nivel de corrosión.
- bajo costo

En la siguiente tabla se dan algunas características de materiales de almacenamiento por calor sensible.

TABLA 4.

MATERIAL	Calor específico $Kcal.Kg^{-1}.K^{-1}$	Densidad $Kg.m^{-1}$	Capacidad calorífera $Kcal.m^{-3}.K^{-1}$
Piedras	0,20	2 250	428
Hormigón	0,27	2 240	605
Chatarra	0,12	7 850	942
Ladrillos	0,20	2 240	448
Alumbre a granel	0,23	2 700	621
Al_2O_3	0,24	4 000	972

Forma de almacenamiento por calor sensible.

En muchas instalaciones donde no es posible contar con una energía convencional de apoyo, se hace necesario material de almacenamiento. En ese caso, se debe contar con una instalación como la que se muestra en la Fig. 4-15 donde se usan dos cambiadores de calor

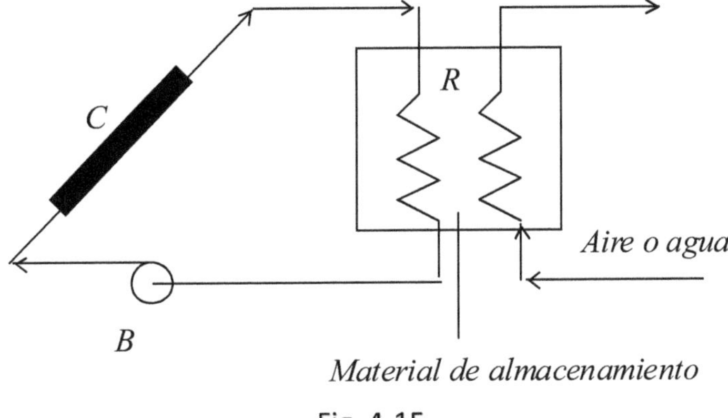

Fig. 4-15

Almacenamiento por calor sensible y latente.

El cambio de fase de un cuerpo se realiza a temperatura constante siendo la misma, función de la presión que soporta. En este proceso, el calor puesto en juego es por lo general superior al que le corresponde por calor sensible, sin embargo, su utilización tiene algunas limitaciones tales como:

- al ser el cambio de fase a temperatura constante, se hace necesario adaptar el material al nivel de temperatura del fluido a utilizar.
- debido a que el cambio de fase va acompañado de una variación en el volumen, se debe tener en cuenta este fenómeno en el dimensionado del depósito de almacenamiento.

La mayoría de los materiales utilizados se encuentran dentro de los cuerpos llamados *puros y eutéticos* o *sales hidratadas.* La temperatura de fusión de los primeros es de aproximadamente 200 °C, haciéndolos aptos para ser usados en casos de alta temperatura, mientras que los segundos, poseen una temperatura de fusión que no supera los 140 °C y se usan en almacenamientos a baja temperatura.

Almacenamiento en el suelo.

Cuando la entrega de calor es en un suelo que no posee humedad no existe una difusión rápida hacia el exterior y se ve facilitado el almacenamiento volumétrico del calor.

La primera condición exige que la difusividad térmica del suelo $a = \frac{\lambda}{c\delta}$ sea baja y la segunda, que el calor específico del mismo se alto.

Si se tiene en cuenta que en un suelo rocoso la conductividad térmica λ es pequeña, mientras que el calor específico y la densidad son grandes, éste estaría cumpliendo con las condiciones impuestas anteriormente.

Además, como las pérdidas de calor son proporcionales a la superficie exterior del depósito, al diseñar el mismo se deberá tener en cuenta la relación $\frac{\sup erficie}{volumen}$.

En el caso de almacenamiento en suelo húmedo, se debe considerar que el coeficiente de conductibilidad térmica λ varía con el contenido de agua del suelo. Además, el movimiento horizontal del agua facilita la pérdida de calor, el que puede verse incrementado por el efécto de convección.

El estudio de estos casos, se realiza a partir de la ecuación general de la conducción del calor vista en el Capitulo II.

CONEXIÓN DE CAPTADORES Y ACUMULADORES.

Según sean las necesidades, los *depósitos acumuladores* pueden trabajar conexionados al resto del sistema de distintas formas orientadas a lograr un alto rendimiento y seguridad. En ese sentido, la instalación deberá calcularse con buen criterio en lo que se refiere a la elección del acumulador y su ubicación más adecuada.

Según sea el caso, las conexiones, pueden ser:

- *Serie invertida con el circuito de consumo.*
- *Paralelo con el circuito primario y secundario equilibrado.*
- *Depósito acumulador e intercambiador de calor externo.*

- ***Serie invertida (con el Circuito de Consumo).***

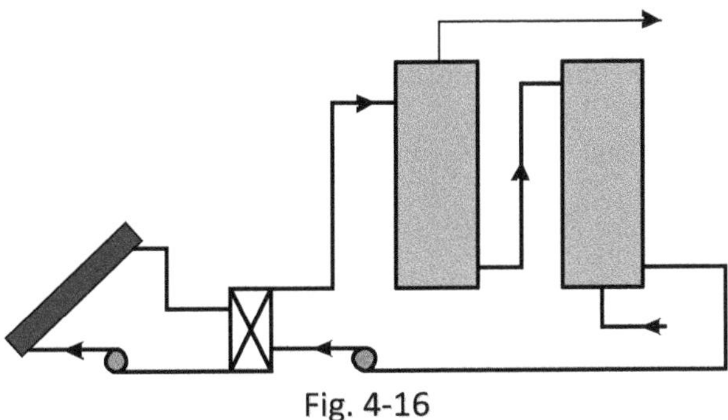

Fig. 4-16

En este sistema se utilizan dos acumuladores y un intercambiador de calor externo el cual es calculado para cada caso, según sean las condiciones de trabajo

- ***Conexión en paralelo (con el Circuito Primario y Secundario Equilibrado).***

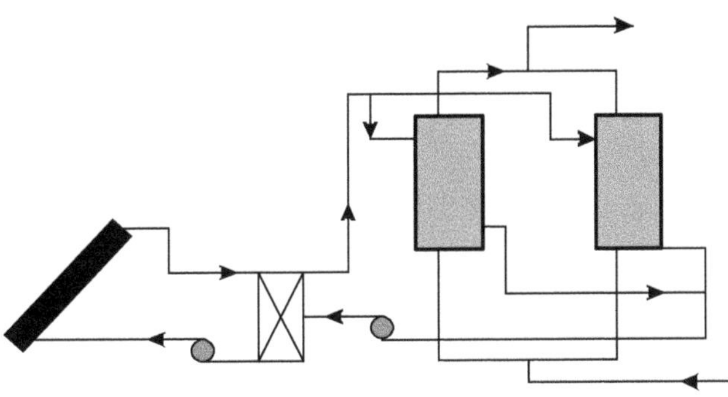

Fig.4-17

- ***Depósito Acumulador e Intercambiador de calor externo.***

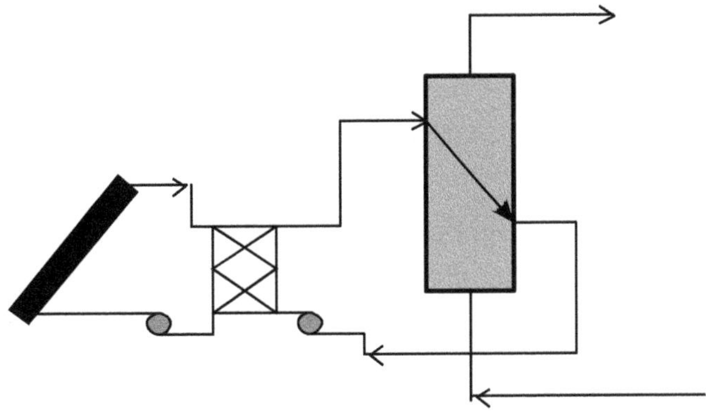

Fig. 4-18

Como condición básica para conseguir un óptimo rendimiento y seguridad en el funcionamiento de éstos equipos, debe cumplirse que el acumulador, en lo posible, sea preferentemente del tipo vertical con una relación altura diámetro $\frac{H}{D} \geq 2$.

CONEXIÓN DE LOS CAPTADORES

Los captadores pueden ser conectados en serie, paralelo o en forma mixta tal como se muestra en la Fig. 4-19

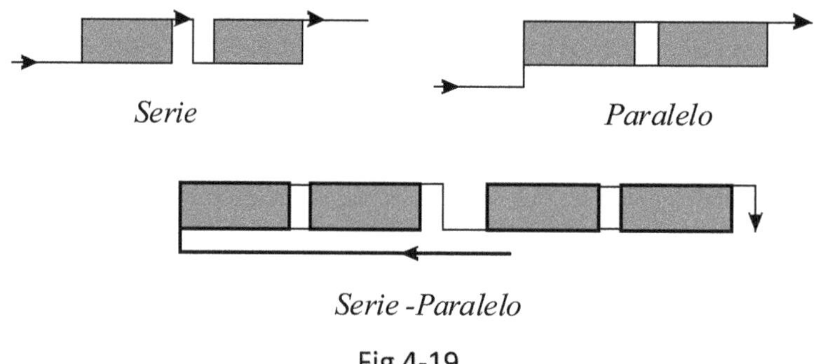

Fig 4-19

Para evitar contrapresiones y obtener temperaturas elevadas, es conveniente la conexión en serie apta para soportar temperaturas de 120 °C a costo de sacrificar el rendimiento energético global de la instalación.

La conexión en paralelo, es apta para una captación adecuada a las necesidades y en ese caso, la entrada se realiza por la parte inferior del primer colector y la salida por la superior del último. Siempre se recomienda dotar a cada grupo de válvulas de aislamiento a la entrada y la salida, a los fines de independizarlo del resto de la instalación cuando se lo requiera realizar eventuales reparaciones.

A la salida de cada grupo y en la parte superior del último captador, se debe instalar un purgador automático de aire con válvula de aislamiento para facilitar la puesta en marcha y mantenimientos posteriores.

Para circulación forzada se recomienda un caudal comprendido entre 120 y 150 *lts./ hora* por captador, debiéndose tomar las previsiones necesarias (válvulas de equilibrado hidráulico, trazado de circuitos con retorno invertido, etc) para garantizar en aquellos casos con más de un grupo de colectores, el reparto homogéneo del caudal en el circuito primario.

La puesta en marcha de la instalación solar debe realizarse cuidando que no se formen burbujas de aire que impidan la correcta circulación del fluido caloportador.

EQUILIBRADO HIDRÁULICO

El recorrido del fluido en la red debe ser tal, que se logre la menor pérdida de carga y el caudal suficiente para todos los captadores. A tal fin, se utiliza la técnica del *retorno invertido* frente a la instalación de válvulas de equilibrado.

- ***Retorno invertido.***

El retorno del fluido caliente se realiza por la parte superior manteniéndose siempre un orden contrario al circuito de ida. El captador que recibe primero la alimentación es el último del que se recoge el fluido caliente, Fig.4-20.

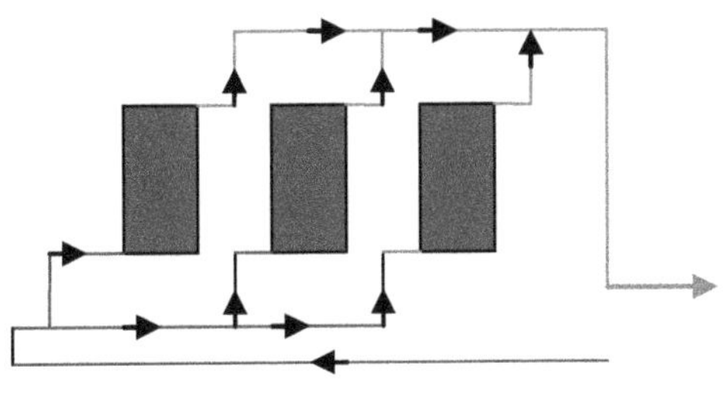

Fig.4-20

En el caso de querer unir dos grupos de captadores, se debe realizar la siguiente conexión. Fig. 4-21

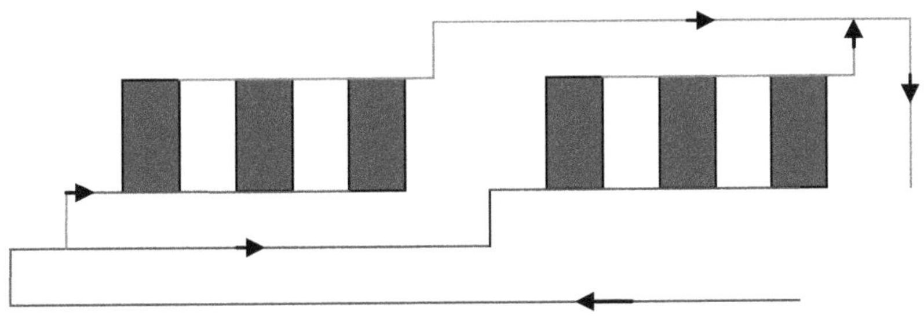

Fig. 4-21

Si se trata de varias filas en paralelo, la conexión es como se indica a continuación. Fig.4-22

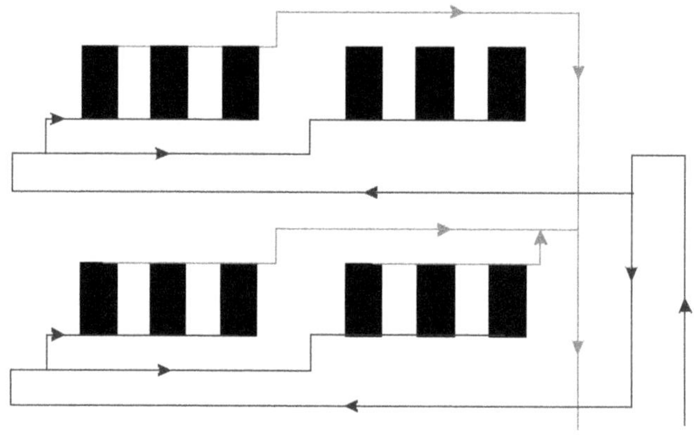

Fig.4-22

Equilibrado mediante válvulas

El equilibrado puede ser solucionado mediante el uso de válvulas de equilibrado hidráulico a la entrada de cada grupo de captadores, asegurando un reparto adecuado del caudal en cada uno de ellos. Fig.4-23.

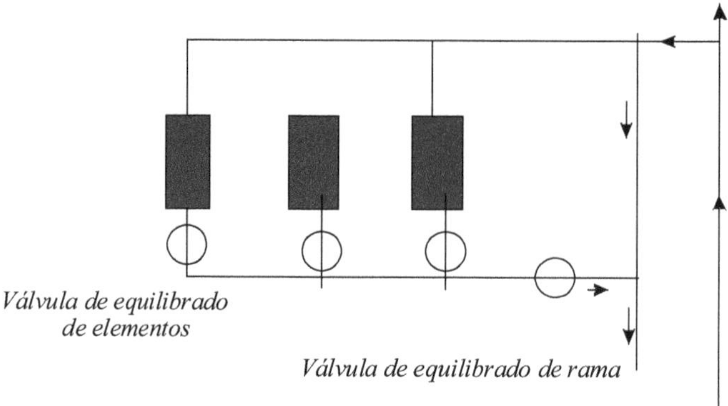

Fig.4-23

El equilibrado puede ser solucionado mediante el uso de válvulas de equilibrado hidráulico, a la entrada de cada grupo de captadores, asegurando un reparto adecuado del caudal en cada uno de ellos. Fig.4-23.

Las válvulas utilizadas a la entrada de cada captador son del tipo micrométricas y se encargan de controlar el caudal en cada punto. Por lo general se usan válvulas en las partes del circuito en las que el empleo del retorno invertido no garantiza un correcto equilibrado.

UTILIZACIÓN DE ENERGÍAS CONVENCIONALES DE APOYO.

Siempre la instalación solar se diseña para cada caso en particular teniendo en cuenta las necesidades particulares del usuario, debiéndose prestar especial atención para garantizar el máximo aprovechamiento.

Cuando el sensor de temperatura acusa un $\Delta t \cong 2°\,C$ por debajo de la temperatura de utilización en el depósito, entra en funcionamiento el sistema alternativo. Este sistema alternativo funciona en base a resistencias, válvulas solenoide, termostato, sensores, relés y control diferencial de temperatura.

a-. Instalación para A. C. S con apoyo eléctrico.

Si bien es cierto que la electricidad para el calentamiento de agua por *efecto Joule,* en zonas accesibles a ella se destaca por su sencillez de instalación, su uso es recomendable solamente para atender demandas pequeñas de A.C.S y calefacción en sistemas individuales.

En la Fig. 4-24 se muestra un sistema de este tipo

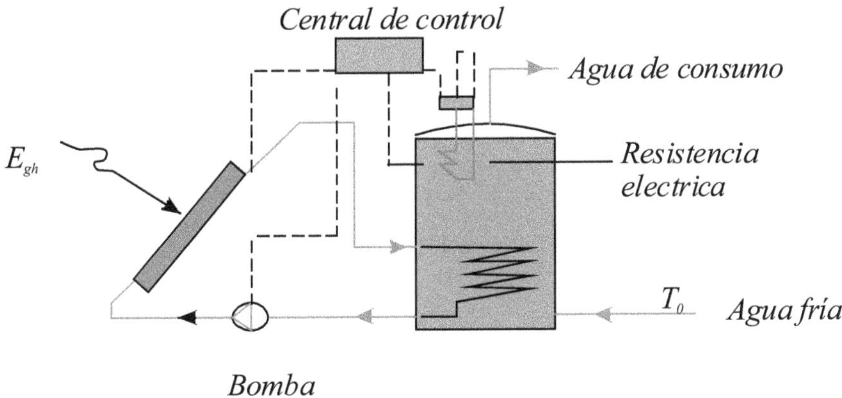

Fig.4 -24

En instalaciones centralizadas, puede ser utilizada en los siguientes casos:

- Cuando se empleen fuentes de energías residuales o gratuitas, siempre que dichas fuentes cubran más de dos tercios de la demanda total de energía.
- En instalaciones que utilizan *bomba de calor* cuando existe una relación de potencia entre la resistencia de apoyo y el motor del compresor inferior a 1,2.
- Si se emplean sistemas de acumulación térmica para A.C.S, con una capacidad de acumulación suficiente para captar y retener durante las horas de suministro eléctrico, la demanda térmica prevista en el proyecto, debiéndose justificar en

su memoria, el número de horas al día de cobertura de la misma sin necesidad de suministro eléctrico.

a) Sistema instantáneo para A.C.S con apoyo de caldera o calentador.

En estos casos es conveniente el uso de un equipo *modulante* para que regule la potencia térmica que entrega el agua y obtener así la temperatura de consumo más adecuada.

El sistema convencional de la Fig.4-25 trabaja en serie a continuación del sistema solar, el cual hace las veces de precalentador del agua.

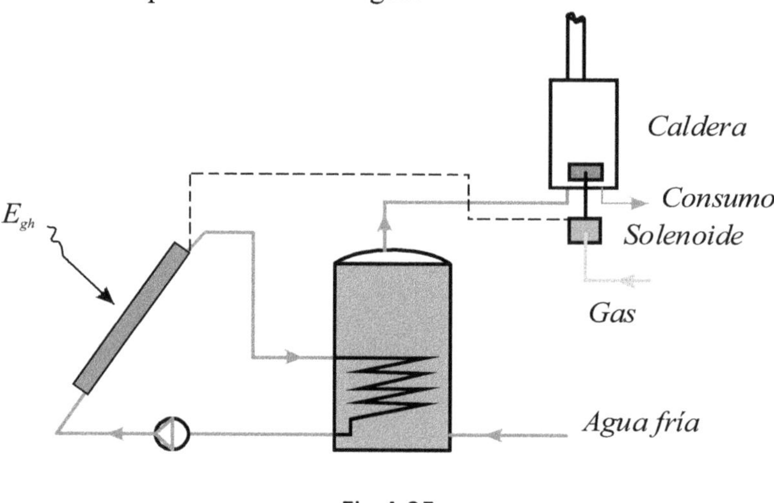

Fig.4-25

Para instalaciones solares con más de cinco colectores se utiliza:

- Circulación forzada para optimizar la transmisión de radiación solar en energía térmica útil.
- Circuito indirecto para limitar en el circuito primario, el volumen de anticongelante a circular, evitando la presencia de A.C.S en los captadores.
- Sistema convencional en serie con el solar para precalentar el agua y luego este, si es necesario, realiza el aporte energético, optimizando el rendimiento de la instalación.

En estos casos se hace necesario instalar entre el depósito y los puntos de consumo un elemento que regule la temperatura de suministro del agua, pudiendo ser, una válvula termostática mezcladora colocada antes o después de la caldera. Existen placas de coneccionado solar para calderas que optimizan el funcionamiento del sistema aportando la energía estrictamente necesaria para obtener la temperatura más confortable.

Conexión con un acumulador de doble serpentín y resistencia auxiliar.

Ventaja obtenida mediante el uso del sistema solar.

El uso de un sistema solar tiene importancia por el ahorro que se logra en el consumo de energías convencionales debido a la disminución del salto térmico necesario para calentar el agua que provee la red de suministro. Esto último, es debido a que el agua al pasar previamente por el captador solar, ingresa a la caldera con una mayor temperatura. En períodos de mucha insolación, el calentamiento del *ACS,* prácticamente se realiza prescindiendo del sistema de apoyo.

Si se tiene en cuenta lo anterior, la curva de consumo anual de combustibes, baja considerablemente, motivo por el cual ante la crisis energética mundial, ya muchos paises han legislado en tal sentido, obligándo al uso de sistemas solares directos e indirectos en complejos edilicios y públicos y prohibíendo además, el uso de energías convencionales para el calentamiento del agua en piscinas y otros.

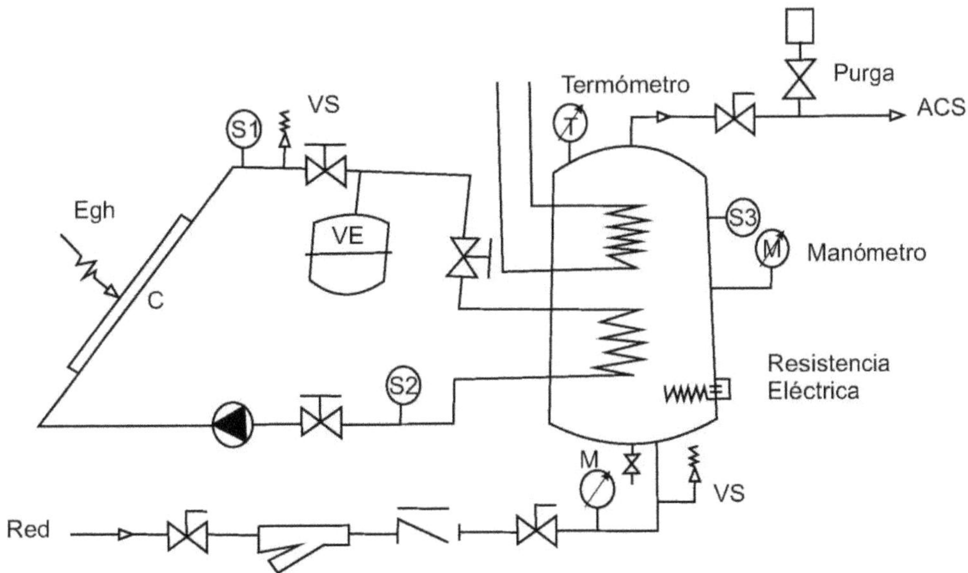

Fig.4-26

CAPITULO 5

APLICACIÓN A MEDIA Y ALTA TEMPERATURA

CAPTADORES AL VACÍO

Si bien el costo de estos captadores es más elevado, en el arranque son más eficaces ya que comienzan a funcionar con una incidencia de radiación solar de aproximadamente 100 W/m^{-2}.

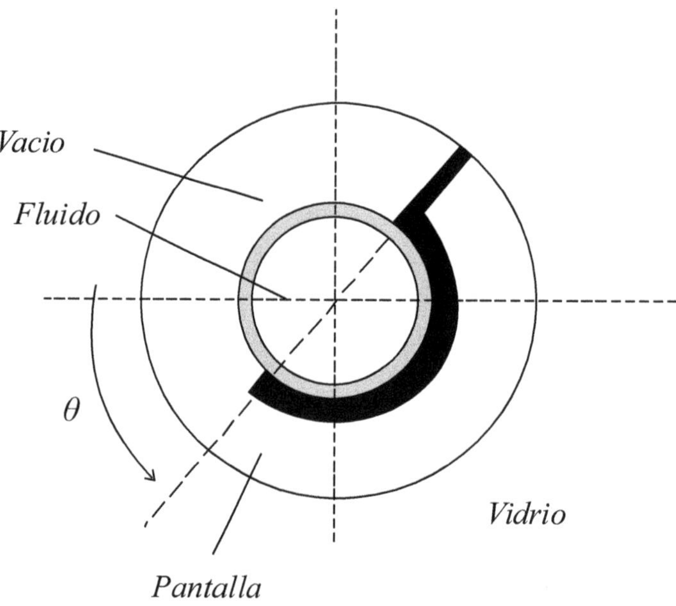

Fig. 5-1

En el interior del tubo tratado al vacío Fig. 5-1 se coloca el caño colector por el que circula el fluido caloportador.

Con este captador se aprovechan intensidades solares mínimas y son utilizados en aire acondicionado mediante el ciclo de absorción, el cual en el generador requiere temperaturas del orden de los 90 °C.

Colector coloriducto o "Heat-Ppipe. (*tubería caliente)*

Es un captador de alto rendimiento con una configuración distinta a los vistos anteriormente. Está constituido por un conjunto de tubos de vidrio, dentro de los cuales se a realizado el vacío para evitar la convección, en los que en su interior en forma longitudinal se dispone otro tubo hipotérmico de alta conductividad térmica, el cual contiene alcohol u otra sustancia de similares características

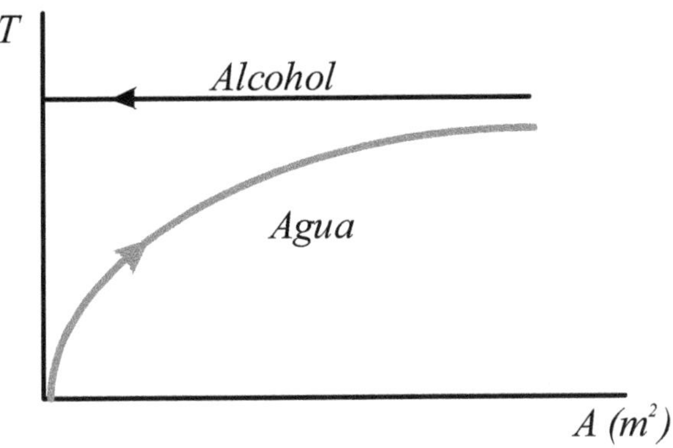

Fig 5-2

Este fluido, al calentarse se evapora pasando al intercambiador que se ubica horizontalmente en la parte superior del captador donde le entrega su calor latente al agua, el proceso se indica en la Fig. 5-2.

La temperatura de trabajo es aproximadamente de 180 ºC, siendo muy resistente a las heladas y a factores corrosivos. Su aplicación además de la calefacción y agua caliente, abarca la electricidad, la desalinización del agua de mar y. también la refrigeración mediante *la bomba de calor.*

Grado de concentración

Tecnicamente todos los captadores solares son clasificados según el "*grado de concentración* $\mathbb{C}$ " de la energía captada. De acuerdo a las características geométricas del aparato, el mismo será.

$$\mathbb{C} = \frac{A_c}{A_r} \qquad (5\text{-}1)$$

Para el caso de captadores planos, A_c el área de captación y A_r el área de recepción. En ese caso, $\mathbb{C} = 1$

CONCENTRADORES DE LA RADIACIÓN SOLAR.

Un concentrador de imagen es aquel en el cual mediante un sistema óptico se capta la radiación incidente en el receptor, formando la imagen de la fuente en el foco. En este caso, la radiación solar es concentrada ópticamente antes de que sea transformada en calor, siendo su eficiencia y las altas temperaturas alcanzadas por el fluido, una consecuencia de que las pérdidas térmicas son menores debido a que su área de intercambio térmico, también lo es.

El costo de estos equipos es más elevado que el de los captadores planos, pero su alta temperatura de trabajo los hace adecuados para su uso en electricidad, refrigeración, climatización y otros del tipo industrial.

El *factor de concentración* $\mathbb{C}$ en estos casos juega un papel preponderante. Para el caso de un concentrador tridimensional que posea una simetría de revolución alcanza un valor máximo dado por:

$$2\theta_2\, \mathbb{C}_{máx} = \left(\frac{n_2}{n_1 . sen\theta_1} \right)^2 \qquad (5\text{-}2)$$

siendo n_1 y n_2 los índices de refracción limitados por el sistma óptico correspondiente a un concetrador bidimensional de abertura de entrada igual a $2\theta_1$ y de salida $2\theta_2$.

Este es un valor teórico, que en la práctica es muy dificil de alcanzar debido a las pérdidas por reflexión, absorción y difracción.

En función de la potencia el factor de concentración es:

$$\mathbb{C} = \frac{E_1}{E_S} \qquad (5\text{-}3)$$

E_1 es la potencia recibida por unidad de área y E_S la potencia de la radiación solar.

El valor de $\mathbb{C}$ puede llegar a 500 con temperaturas de trabajo que pueden superar los 300 ºC.

Si bien en la actualidad existe una gran variedad de concentradores solares, solamente nos referiremos a los más difundidos, para ello a continuación estudiaremos algunas de las superficies catoptricas.

Superficie esférica.

De acuerdo a lo estudiado en óptica el *estigmatismo* solo se produce en espejos de pequeña abertura que se aproximan a las condiciones de *Gauss*. Como en la práctica por lo general el ángulo de abertura no es pequeño, el estigmatísmo en estos casos en realidad no existe.

Sea la Fig. 5-3 donde un rayo incide sobre el espejo en *P,* reflejándose luego en forma tangente a la *cáustica* en *M,* cortando a *OS* en A' y al plano focal en *A.*

Las distancias FA' y FA son las que respectivamente caracterizan la desviación longitudinal y transversal con respecto a lo que en realidad es un estigmatismo riguroso.

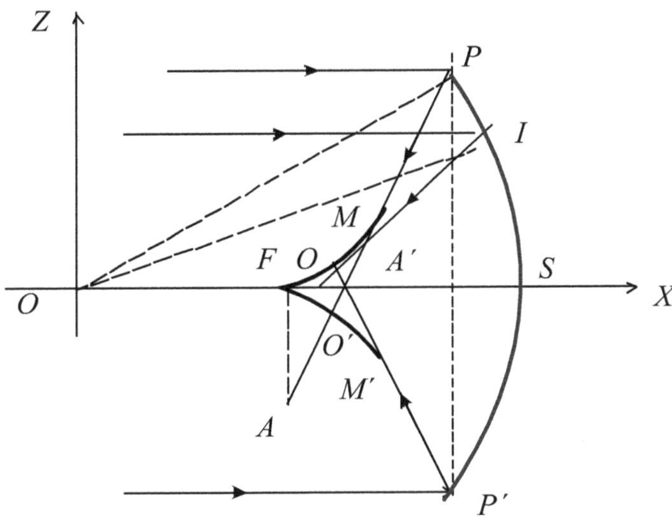

Fig 5-3

En un espejo esférico que no sea de pequeña abertura lo anterior tiene una amplia incidencia en la disminución del factor de concentración, por lo cual y cuando se busca obtener concentraciones elevadas, lo más aconsejable es hacer uso de espejos parabólicos.

Paraboloide de revolución.

El paraboloide de revolución se obtiene por la rotación de una parábola alrededor de su eje y su propiedad fundamental es la de ser *estigmático* para un punto del infinito.

En el supuesto caso de que se tratara de un espejo parabólico perfecto, la imagen del Sol no es puntual debido a la existencia de un diámetro aparente finito ε . El diámetro d de la imagen del *disco solar* captada va a ser una función de la distancia focal f .

$$d = \varepsilon f \qquad (5\text{-}3)$$

teniendo en cuenta que $\varepsilon = 0,093 \approx 0,01$

$$d = 0,01 f$$

Como regla general se puede adoptar que: *"el diámetro de la imagen expresada en cm, es aproximadamente igual a la distancia focal expresada en mts".*

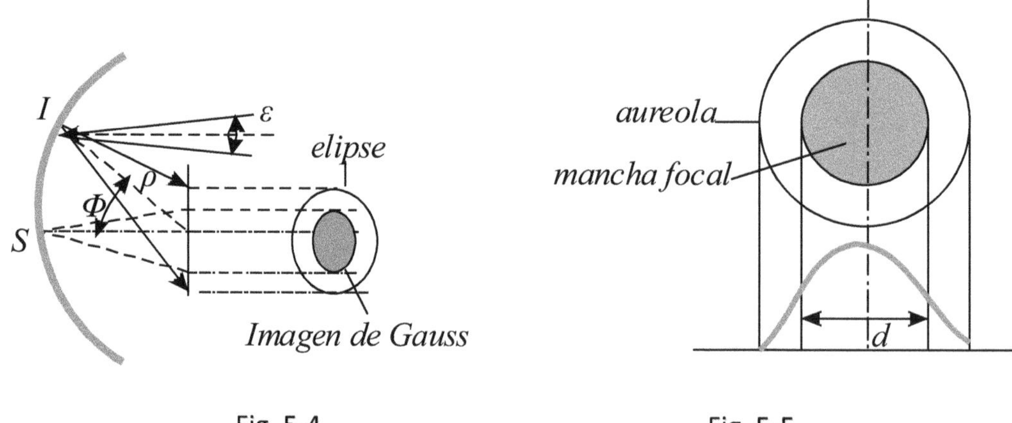

Fig. 5-4 Fig. 5-5

Solamente se obtiene una imagen nítida del Sol si $\frac{D}{f} < 0{,}1$, siendo D el diámetro de la abertura del espejo.Como en la práctica $\frac{D}{f} > 4$ en el foco se obtiene una mancha solar cuya parte central muy caliente, tiene el diámetro dado por la fórmula (5-4), rodeada por una aureola que hace que en la *imagen de Gauss* de diámetro *d* no se recupere el total de la energía recibida por el espejo.

Además y debido a que el Sol no tiene una iluminancia uniforme los bordes del disco son menos luminosos que el centro, tal como se ve en la Fig.5-5.

El paraboloide recibe un pincel cónico de ángulo ε que se refleja a su vez según un pincel del mismo ángulo. Esto último, hace que aparezca en el plano focal una elipse. Fig. 5-4

Como el área de la *imagen de Gauss,* según el diámetro mayor de la elipse es:

$$A_1 = \frac{\pi f^2 \varepsilon^2}{4} \qquad (5\text{-}4)$$

La elipse tendrá un área de eje menor $2b = \rho.\varepsilon$ y eje mayor $2a = \frac{\rho\varepsilon}{\cos\phi}$. Como la superficie de una elipse es $\pi.a.b$, operando tendremos.

$$A = \frac{\pi^2 \rho^2 \varepsilon^2}{4 \cos \theta} \qquad (5\text{-}5)$$

y la fracción de energía recibida en la *imagen de Gauss* será.

$$\zeta_\phi = \frac{A}{A_1} = \frac{f}{\rho^2} \cos \phi \qquad (5\text{-}6)$$

Si la potencia recibida por unidad de área terrestre es E_S, la potencia recibida en la elipse será:

$$dE_S = 2.\pi.\rho^2.E_S.sen\phi.d\phi \qquad (5\text{-}7)$$

Sobre el disco focal se recibe una fracción de energía desde el punto *I* igual a:

$$\zeta_\phi dE_S = 2.\pi.E_S.f^2 sen\phi.\cos\phi.d\phi \qquad (5\text{-}8)$$

Para el diámetro *D* del espejo de ángulo de abertura θ le corresponde una iluminación energética

$$E_D = E_S \int_0^\theta 2\pi f^2 sen\theta \cos\theta.d\theta \qquad (5\text{-}9)$$

luego

$$E_D = E_S.\pi.f^2.sen^2\theta \qquad (5\text{-}10)$$

Como el área que recibe esta energía es A_1, la potencia por unidad de área será.

$$E_S = E_S \frac{\pi.f^2 sen^2\theta}{\frac{\pi.f^2\varepsilon^2}{4}} = \frac{4.E_S}{\varepsilon^2} sen^2\theta \qquad (5\text{-}11)$$

siendo el *factor de concentración.*

$$\mathbb{C} = \frac{E_1}{E_S} = \frac{4.sen^2\theta}{\varepsilon^2} \qquad (5\text{-}12)$$

Como se puede observar, la máxima concentración $\mathbb{C}$ es para 90°, o sea.

$$\mathbb{C}_{máx} = \frac{4}{\varepsilon^2} = 46.250$$

Suponiendo una distancia focal de 1 *m* y una radiación solar de 1 $KW/\ m^2$, la superficie de la *imagen de Gauss* será.

$$A_1 = \frac{1 \times (0,0093)^2}{4} = 0,68cm^2$$

Luego el máximo de potencia que puede recibir el disco es.

$$E_1 = \mathbb{C} \times A_1 = 3,1KW$$

Factor de Horno

El *"factor de horno", F,* no es otra cosa que el cociente entre la energía efectivamente recibida y la que se calcula partiendo del *factor de concentración* $\mathbb{C}$ visto anteriormente, o sea.

$$F = \frac{\mathbb{C}_e}{\mathbb{C}}, \qquad (5\text{-}13)$$

Luego la concentración efectiva es:

$$\mathbb{C}_e = F.\mathbb{C}$$

Por lo general $F \leq 0,6$ y $\mathbb{C}_e \leq 20.000$

Aplicando la *Ley de Stefan Boltzmann* de modo que para la unidad de área se cumpla la igualdad.

$$\mathbb{C}_e E_S = \sigma T^4$$

y considerando a $\sigma = 5{,}67.10^{-8} W.m^{-2}.K^{-4}$, $E_S = 1.000 W.m^{-2}$ y $\mathbb{C}_e = 20.000$ resulta que la temperatura es:

$$T = 4333K = 4060 \text{ °C}.$$

Teniendo en cuenta que en la práctica no se trata de un cuerpo negro perfecto, la temperatura es aproximadamente de 4000 K = 3727ºC.

A causa de la densidad de energía alcanzada, el incremento de temperatura en los cuerpos muy absorbentes y poco conductores puede llegar a *2.700 ºC* en no más de *0,5* segundos y en el caso de los metales se pueden necesitar hasta *10* segundos para alcanzar su fusión.

La eficacia η del espejo es el cociente entre la energía en la imagen de *Gauss* y la energía incidente recibida por la superficie de abertura normal a la radiación luminosa.

$$\eta = \frac{E_{gh}.\pi.f^2.sen^2\theta}{E_{gh}.\pi^4.f^2.tg^2\frac{\theta}{2}} \qquad (5\text{-}14)$$

$$\eta = \cos^4\left(\frac{\theta}{2}\right) \qquad (5\text{-}15)$$

Si $\theta = 90°, \eta = \frac{1}{4}$. De este modo, la imagen de *Gauss* no recibe más que la cuarta parte de la energía incidente.

SISTEMA DE SEGUIMIENTO

Cuando los espejos deben realizar un seguimiento con movimientos alrededor de dos ejes perpendiculares, son posibles dos montajes:

- *Montaje ecuatorial.*
- *Montaje altacimutal*

Montaje ecuatorial:

En este caso, el espejo realiza una rotación uniforme alrededor del eje del mundo y otra alrededor de un eje perpendicular que ajusta la declinación Fig. 5-6.

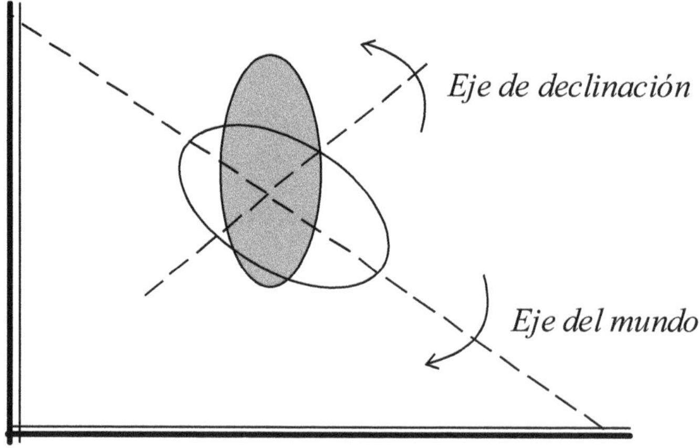

Fig.5 -6

Si bien este sistema facilita el seguimiento, su realización mecánica es más complicada que en el caso del montaje altacimutal.

Montaje altacimutal:

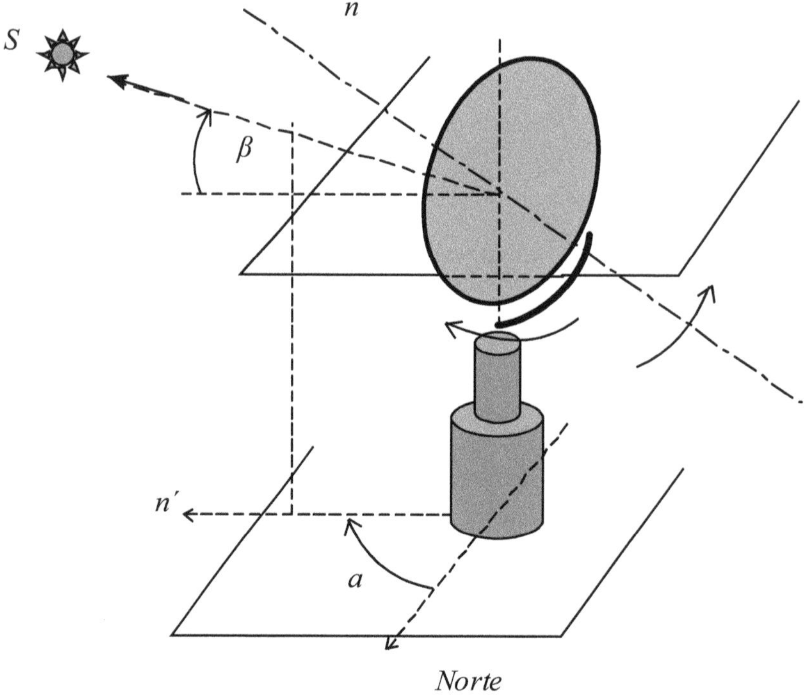

Fig. 5-7

El espejo móvil de la Fig.5-7, tiene movimiento alrededor de dos ejes perpendiculares.

La rotación es alrededor del eje horizontal sujeto a una montura la cual gira alrededor de un eje vertical tal como se usa en cañones antiaéreos, radares, etc. La rotación alrededor del eje horizontal asegura el seguimiento en altura, mientras que sobre el vertical se asegura el seguimiento en acimut.

Si bien esta disposición no plantea problemas mecánicos, tiene el inconveniente de que los movimientos no son uniformes, siendo la realización de un seguimiento automático compleja. Cuando se aplica a instrumentos grandes un ordenador calcula las coordenadas solares en tiempo real y ordena directamente a los mecanismos de orientación.

SISTEMAS DE CAPTACIÓN

Sistema Fijo

Cuando en los concentradores el receptor está fijo al eje principal del sistema óptico como se muestra en la Fig 5-8 ,es necesario disponer de una orientación permanentemente hacia el Sol mediante el uso de un servomecanismo de *rastreo automático,* para que asegure en todo momento la radiacion incidente directa

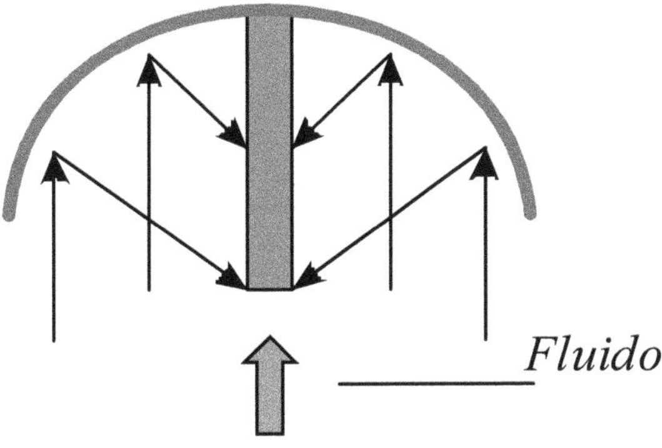

Fig 5-8

Sistema *SRTA.*

Existe un sistema conocido con el nombre de *SRTA* (*stationary reflector tracking absorber*) que trabaja con un colector cilíndrico centrado sobre la línea focal paralela a los rayos incidentes girando en un plano cuando el Sol se desplaza, Fig. 5-9 (a)

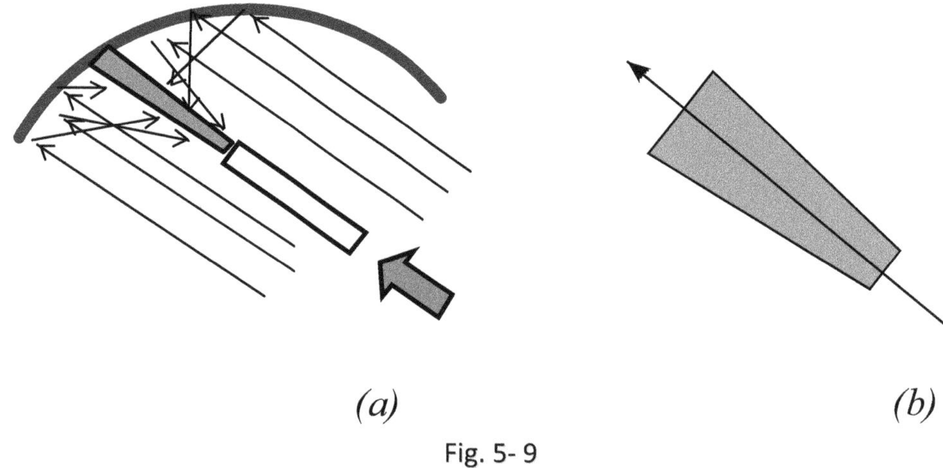

Fig. 5- 9

Su funcionamiento esta basado en una aplicación de la óptica geométrica para la determinación del foco secundario F_s para el caso de rayos oblicuos. Fig. 5-10.

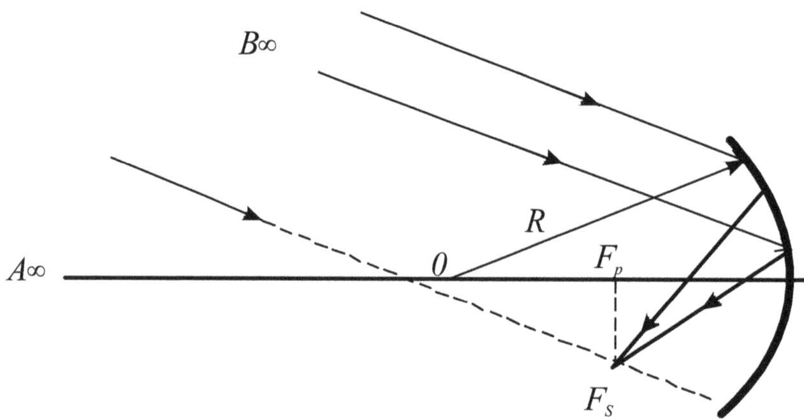

Fig.5-10

El captador tiene una longitud $\frac{R}{2}$, fijándose las dimensiones del espejo en función de la superficie de la imagen del Sol reflejada sobre su eje principal. Como la imagen es variable, ya que la distancia de los puntos de incidencia al eje también lo son, generalmente su forma es aproximadamente cónica Fig. 5-9 (b) con un diámetro mayor cerca del espejo igual a $d_{máx} = R.\varepsilon$, por ser la trayectoria máxima del rayo igual a *R,* y con un diámetro mínimo $d_{\min} = \frac{R.\varepsilon}{2}$, al ser la distancia focal $\frac{R}{2}$, siendo. ε el diámetro aparente del Sol.

La superficie luminosa a lo largo del eje x-x, formada por la superposición de todas las imágenes parciales del Sol, es aproximadamente cónica y su área esta dada por:

$$A = \frac{R}{2}.\pi.\frac{R\varepsilon + R\frac{\varepsilon}{2}}{2} = \frac{3}{8}\pi R^2 \varepsilon \qquad (5\text{-}16)$$

siendo el área de interacción de la radiación solar, aproximadamente igual a:

$$A' = \pi\left(\frac{R\sqrt{3}}{2}\right)^2 \cos i = \frac{3}{4}\pi R^2 \cos i \qquad (5\text{-}17)$$

i es el ángulo de incidencia de los rayos luminosos y el factor de concentración para cualquier hora del día, viene expresado por $\mathbb{C}_i = \frac{A'}{A}$, pudiéndose tomar como factor medio:

$$\mathbb{C} = \frac{1}{i_1}\int_0^{i_1} i.di \qquad (5\text{-}18)$$

i_1 es el ángulo de incidencia al amanecer. Si $i=0$; $\mathbb{C} = \frac{2}{\varepsilon} = 215$

CONCENTRADOR CILINDRICO PARABÓLICO

Este sistema es el que mejor se adapta para pequeñas potencias de hasta 20 KW. Esta constituido por un colector cilíndrico parabólico que refleja la radiación solar directa sobre un tubo absorbedor colocado en la línea focal de la parábola, por el que circula el fluido caloportador, Fig.5-11.

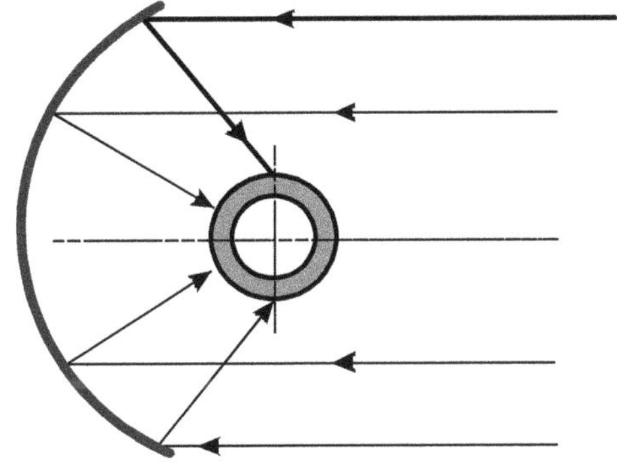

Fig.5-11

La temperatura máxima alcanzada por el cuerpo negro situado en la linea focal del espejo es de apróximadamente 1200 ºC, y el grado de concentración máxima $\mathbb{C}_{máx}$ es de 215 .

Se puede usar dos tipos de montajes, el dispositivo con el eje E – O o con el eje paralelo al eje del mundo.

El dispositivo con el eje E a O tiene la ventaja de poder funcionar hasta cinco horas diarias sin seguimiento del Sol, más aún estando en proximidades de los equinoccios.En este último caso, solamente son suficientes algunas modificaciones diarias de orientación. En el caso de que el eje reflector sea coincidente con el eje del mundo, solamente será preciso contar con un sistema de seguimiento con un grado de libertad con movimiento uniforme.

La ventaja del sistema ecuatorial, es asegurar una duración de utilización diaria, dos veces mayor al del captador estacionario.

Concentrador parabólico compuesto *C.P.C.*

El concentrador parabólico compuesto Fig.5-12(b), llamado también concentrador cilíndrico ideal, fue inventado por *R. WINSTON* y tiene la forma de una cuba cuyas paredes tienen un perfil calculado y esta construido de modo que no sea preciso formar una imagen del Sol, porque la obtención de la misma es incompatible con la búsqueda de una concentración sin pérdida de energía.

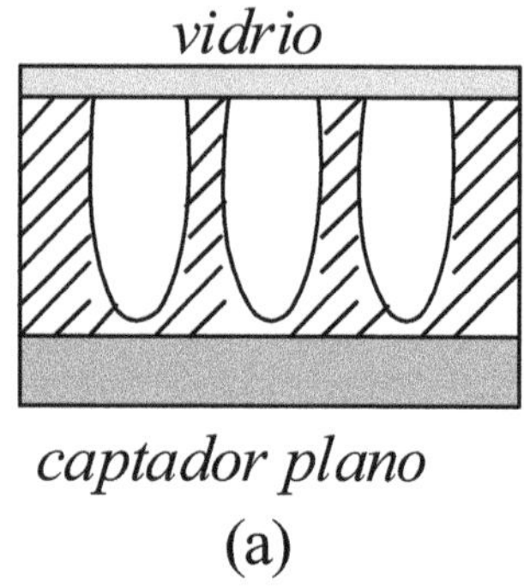

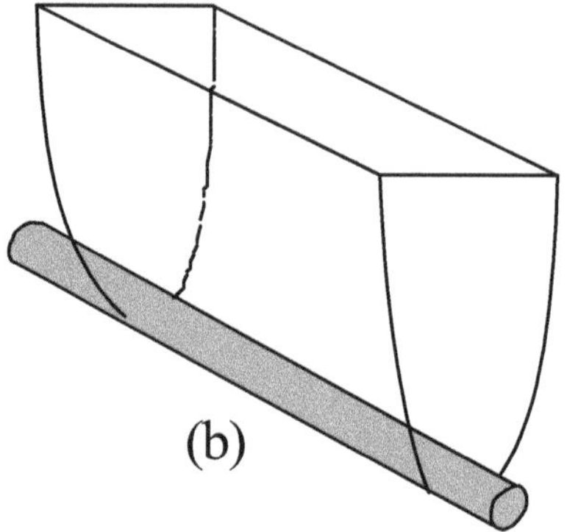

Fig 5-12

Los diámetros de las pupilas de entrada y salida son respectivamente d_1 y d_2, por lo que:

$$\mathbb{C} = \frac{d_1}{d_2} = \frac{n_2}{n_1}\frac{1}{sen\theta} \qquad (5\text{-}19)$$

siendo n_1 y n_2 los índices de refracción de entrada y salida.

El concentrador puede ser utilizado asociado con un captador plano para reforzar la concentración Fig. 5-12(a) pudiendo servir incluso como dispositivo antirradiación.

El perfil del concentrador, Fig. 5-13 se compone de dos segmentos de parábolas simétricas cuyos ejes se encuentran inclinados un ángulo θ respecto del eje de simetría y el foco de uno se encuentra en el extremo del otro. Tomando el punto O ,intermedio del segmento FF' , como origen del de las coordenadas *Ox* y *Oy*, las ecuaciones paramétricas del perfil son:

$$x = \frac{d_2\left(1 + sen\theta\right).sen\left(\phi - \theta\right)}{1 - \cos\phi} - \frac{d_2}{2} \qquad (5\text{-}20)$$

$$y = \frac{d_2\left(1 + sen\theta\right).sen\left(\phi - \theta\right)}{1 - \cos\phi} \qquad (5\text{-}21)$$

ϕ es el parámetro y corresponde al ángulo que forma el radio vector *OM* con la recta paralela a PP' que pasa por *O*.

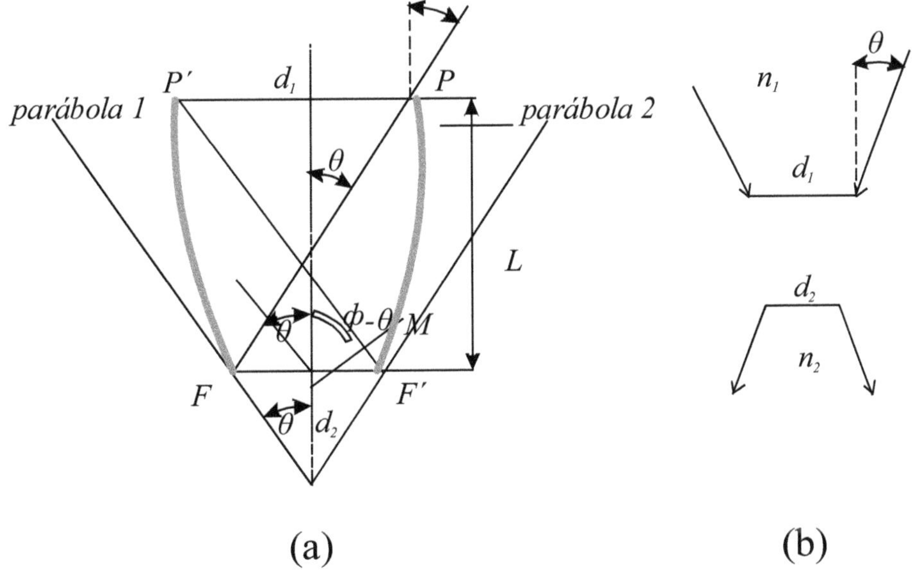

Fig 5-13

Las tangentes en las extremidades P y P' son paralelas al eje de simetría. Puede ser demostrado entonces, que la altura L del colector es:

$$L = \frac{(d_2 + d_1)}{2}.\cot g\theta \qquad (5\text{-}22)$$

Si d_2 es dato, la relación que fija la longitud L del colector en función de la concentración $\mathbb{C}$ y suponiendo los índices de refracción $n_1 = n_2$ es:

$$\frac{L}{d_2} = \frac{\mathbb{C} + 1}{2}\sqrt{\mathbb{C}^2 - 1} \qquad (5\text{-}23)$$

La ventaja de este colector, radica en que aunque se lo coloque fijo, con algunos pequeños ajustes estacionales capta la radiación directa durante un buen número de horas durante el día.

El cuadro muestra como influyen los diferentes parámetros.

Concentración	Ancho de la abertura en *cm*	Ancho del receptor en *cm*	Profundidad *L* reducida en *cm*	Semi-ángulo de abertura
3	70,5	24,0	100	20°
5	45,5	9,0	100	12°
10	30,5	3,0	100	6°

Evolvente de circunferencia.

La evolvente de circulo es la curva descrita por cualquier punto de una recta que rueda sin resbalar sobre una circunferencia de radio r (construcción del hilo tenso que se desarrolla de un tambor cilíndrico).

En este caso, todos los rayos que inciden sobre el reflector se reflejan hacia la circunferencia y para obtener una mayor efectividad se debe usar un espejo cilíndrico parabólico acoplado a la evolvente de modo que los rayos no escapen y caigan sobre el receptor cilíndrico, Fig. 5-14 (a)

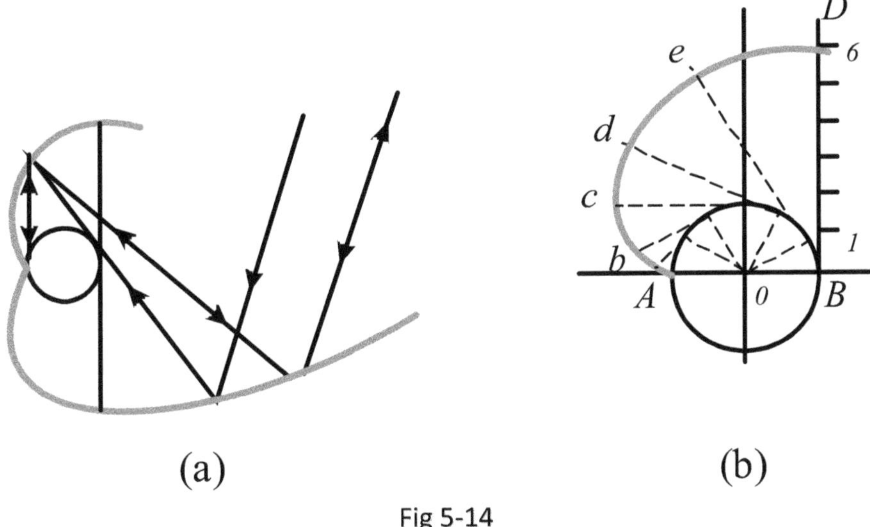

Fig 5-14

Para su trazado se hace *BD* Fig. 5-14 (b), igual al desarrollo del arco de circulo *AB* y se dividen ambas longitudes en el mismo número de partes iguales, luego se trazan las longitudes *B1, B2,……B6,* tangentes a los correspondientes radios del arco de circunferencia. Los puntos *a, b, c, d, e, 6,* son puntos de la evolvente.

EL HORNO SOLAR.

Uno de los usos de la energia solar en la industria es el de los *hornos solares*. Su buen funcionamiento debe tener en cuenta varios factores que influyen sobre la efectividad de la concentración, debido a que en la teoría desarrollada se ha supuesto un espejo perfecto y que además no existen obstáculos entre el Sol y el espejo que producen una disminución de la energía disponible en el plano focal. En realidad todas las imperfecciones, ya sean éstas mecánicas u ópticas, tienen gran importancia en el logro de una concentración elevada. Como el *horno solar* se monta sobre el foco del espejo parabólico, el que por lo general es fijo, se hace necesario utilizar varios espejos planos M_i para reenviar en todo instante el haz de energía que emana del Sol, Fig. 5-15. Esto último contribuye a que las pérdidas ópticas se vean incrementadas.

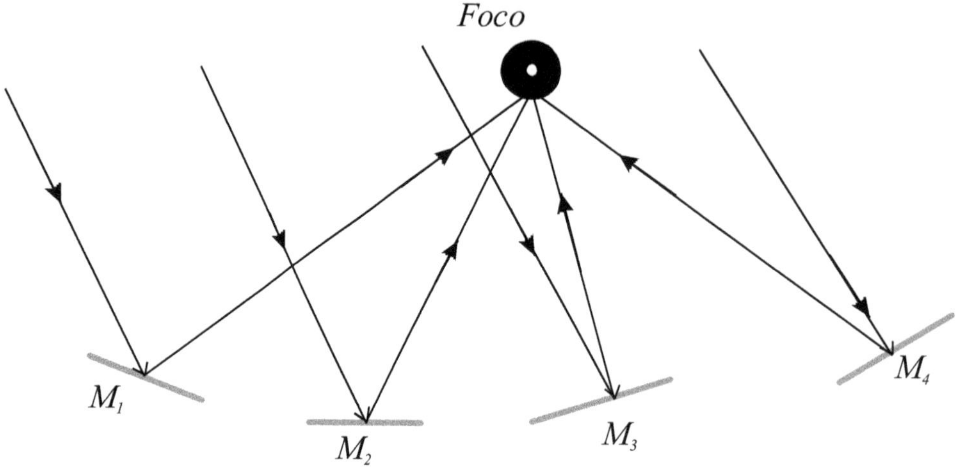

Fig 5-15

Según la conveniencia técnica del sistema, los concentradores solares pueden ser de:

a)- Foco fijo.

- Es el caso de los *hornos solares* donde los espejos hacen un seguimiento del Sol durante el día mediante alguno de los sistemas, *ecuatorial* o *altacimutal* vistos anteriormente.

En la mayoría de los casos al colector del *horno solar* lo constituye un serpentín de cobre ennegrecido, colocado dentro de un tubo de vidrio herméticamente cerrado, por el interior de dicho serpentin circula el fluido intermediario que puede ser un aceite especial o Sodio (N_a). Este último; tiene excelentes propiedades refrigerantes por ser muy buen transmisor del calor y poseer gran capacidad de acumulación permitiendo de esta forma, fabricar componentes relativamente pequeños manteniendo una mínima pérdida de calor, lo que lo hace apto para ser usado en centrales de energía solar. No obstante, se deberá tener en cuenta que el mismo, somete a los componentes mecánicos a condiciones muy severas de trabajo

En el caso del *horno solar* de la Fig 5-16 el fluido hace las veces de refrigerante calentándose de 270 ºC a 530 ºC. Luego es derivado al depósito de acumulación desde donde luego pasa a través de un intercambiador generador de vapor para ir a expandirse en la turbina, retornándo nuevamente frío al depósito de acumulación para después ingresar nuevamente en el *horno solar* y repetir el ciclo.

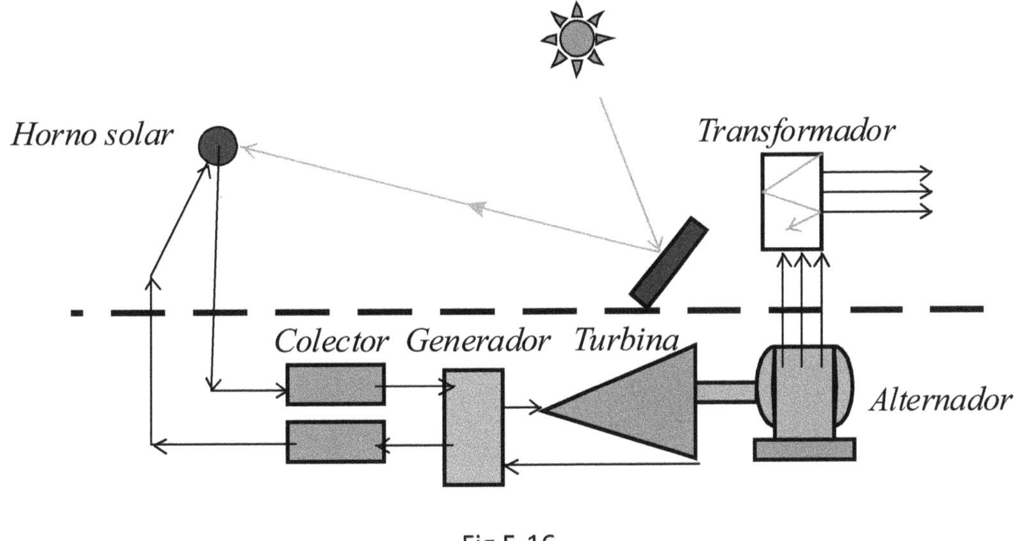

Fig 5-16

La temperatura que se puede obtener en el plano focal esta directamente vinculada a la energía recibida y a las pérdidas por conducción y radiación. En el caso que se consideren solamente las debidas al fenómeno de radiación, se puede obtener la temperatura límite máxima considerando al receptor como un cuerpo negro.

Como un ejemplo ilustrativo del desarrollo experimental de este tipo de centrales solares para la producción de electricidad podemos mencionar la que existe en el sur de España cerca de Almería donde se ha construido una central eléctrica experimental para una potencia de 500 *MW,* la misma posee 93 helióstatos comandados por un ordenador electrónico compuesto cada uno por doce espejos individuales, el horno solar (*receiver)* está ubicado a una altura de 43 *m.*

Las características técnicas principales de esta central son:

Potencia térmica	*2,7 MW*
Caudal *másico*	$7{,}34\ Kg.s^{-1}$
Temperatura de salida	*270 ºC*
Temperatura de salida	*530 ºC*
Densidad máxima de la corriente térmica	$63\ W.cm^{-3}$

Una de las partes más importante de este horno solar es el haz de tubos compuesto por tubos curvados dispuestos en sentido horizontal uno por encima del otro unidos entre sí por codos formando el serpentín por el que circula el fluido (N_a) desde la parte inferior hacia la superior. Los tubos se apoyan sobre tres vigas móviles y una fija que contribuyen a facilitar la dilatación, condición esencial para un servicio con una potencia que varía con mucha frecuencia.

El generador de vapor es un intercambiador del tipo de tubos en espiral que se calienta por medio del Sodio que fluye por los tubos a contracorriente de arriba hacia abajo, saliendo el vapor que va a la máquina por la parte superior, con las siguientes características técnicas.

Potencia térmica	*2,2 MW*
Lado Sodio	
Caudal másico	$6{,}76\ Kg.s^{-1}$
Temperatura de entrada	*525 °C*
Temperatura de salida	*269 °C*
Lado agua / vapor	
Caudal másico	$0{,}87\ Kg.s^{-1}$
Temperatura de entrada	*193 °C*
Temperatura de salida	*500 °C*
Presión	*100 bar*

Si bien es cierto que las centrales de energía solar para la producción de electricidad son atractivas para países que poseen condiciones de insolación anual favorable, actualmente ante la escasez mundial y perspectivas de agotamiento de las fuentes de petróleo y sus derivados, sumando a los problemas ecológicos que provocan, el desarrollo de las energías alternativas por parte de algunos países, se ha visto incrementado notablemente.

EL CICLO STIRLING.

La aplicación del motor Stirling mediante el uso de energía solar, se realiza mediante un sistema parabólico y constituye una alternativa interesante para regiones en las cuales el combustible y la energía eléctrica son de dificil acceso.

El ciclo Stirlin fue desarrollado a principio del siglo XIX y se trata de un motor de combustión externa que consta de dos tansformaciones isotérmicas alternadas con dos isócoras, que se efectúan en cilindros separados, con sus pistones vinculados entre sí por un árbol cigüeñal con un ángulo de calado que permite un movimiento armónico y un juego de volúmenes adecuado a las transformaciones citadas. En las transformaciones isócoras, el gas de trabajo pasa de un cilindro a otro, atravesando un regenerador que permite el pasaje del gas en los dos sentidos, absorbiendo y cediéndo calor alternativamente sin comunicación con el exteri, mientras que en las isotérmicas, está en contácto con una fuente caliente a la temperatura T_c y una fría a T_f. Fig. 5-17.

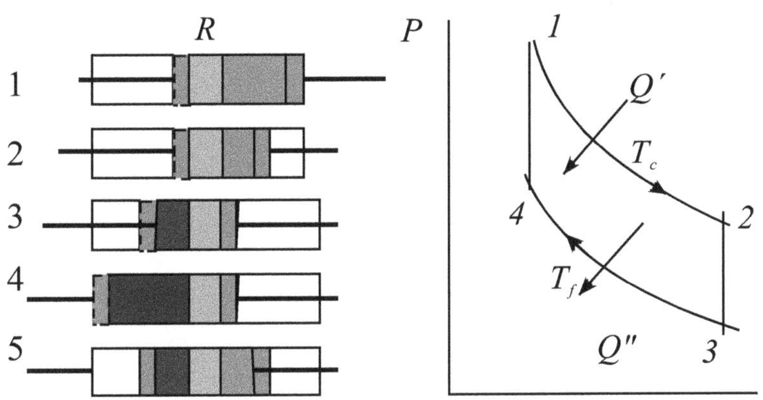

Fig. 5-17

En estado de régimen a una masa de gas permanente contenida en el lado derecho del cilindro se encuentra en la posición *1* se le suministra el calor Q''. El gas reliza trabajo externo en una epansión isotérmica *1-2*, a la temperatura T_c Durante la transformación *2-3* a volumen constante (para lo cual debe retroceder el pistón de la izquierda) el gas circula por el regenerador cediendo su calor residual bajando su temperatura hasta T_f. Una compresión isotérmica *3-4* realizada por el piston de la izquierda, con la correspondiente pérdida de calor Q'' al fluido refrigerante. De *4* a *1* el gas se pone nuevamente en contacto con el regenerador, recuperando el calor que cedió de *2* a *3*, ascendiendo la temperatura hasta T_c. Luego el ciclo se repite.

En cuanto a la ubicación del motor, este debe colocarse de modo que su fuente caliente sea coincidente con el foco del disco parabólico.

Si bien el concentrador más recomendado es el paraboloide, debido a que concentra toda la radiación en una zona focal del concentrador muy pequeña por razones de sencillez en la fabricación, muchas veces se adoptan superficies esféricas.

Para asegurar la radiación directa sobre el sistema óptico, es imprescindible en estos casos disponer de un buen montaje para el rastreo solar.

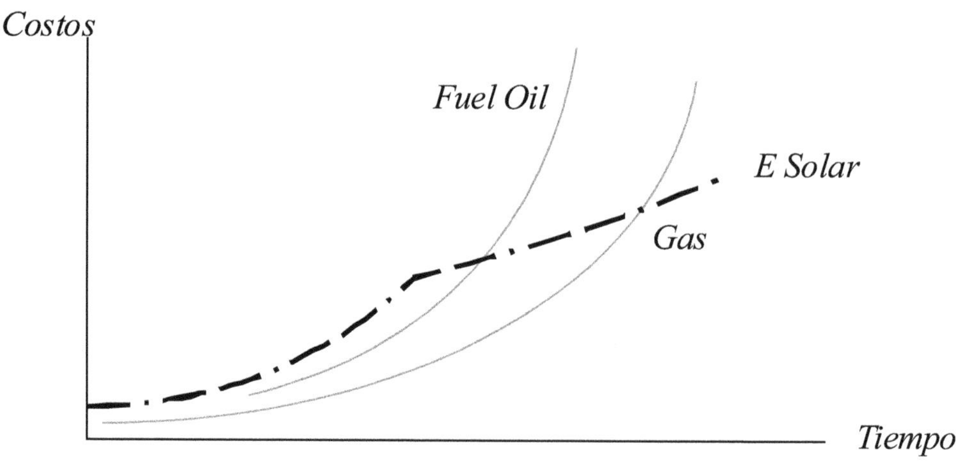

Fig. 5-18

Con el proposito de comparar el costo de la energía solar con aquellas a base de combustibles derivados del petróleo, en la Fig. 5-18 se muestran las curvas correspondientes para cada caso. Se observa que si bien el costo inicial de una instalación solar es mayor, este se ve compensado por su utilidad a lo largo del tiempo

CAPITULO 6

SISTEMAS DE CALEFACCIÓN Y REFRIGERACIÓN.

Cuando las temperaturas de trabajo deben ser más altas, como en el caso de sistemas utilizados en calefacción o refrigeración, se debe recurrir a captadores que trabajan con tubos al vacío ***Heat-Pipe*** o a *concentradores lineales,* los cuales son parte de un sistema de *bomba de calor,* o de un *ciclo de refrigeración por absorción*[(2)]. Así como en capítulos anteriores vimos la provisión de ACS, en estos últimos sistemas conjuntamente con la energía fotovoltaica y eólica, tambien contribuyen en la climatización para conseguir calefacción y refrigeración.

SISTEMAS DE CALEFACCIÓN.

Para el uso de la energía solar, la cual casi siempre va acompañada de un sistema de apoyo térmico convencional, se pueden adoptar las siguientes configuraciones:

- *Radiadores.* Al igual que en los sistemas tradicionales, es en el caso de la energía solar un complemento para proveer los 70 u 80º C con que debe circular el agua caliente para la calefacción.
- *Rejillas de difusión:* Mediante un ventilador eléctrico se hace circular el aire a través de un radiador por donde pasa el agua caliente provista por el sistema solar en su conjunto con el de apoyo convencional.
- *Suelo radiante.* Se hace circular el agua caliente a una velocidad relativamente baja $\approx$ 0,3 $m.s^{-1}$ por una red de tubos de polietileno reticulado o similar en forma de serpentín o de parrilla dispuesto sobre una lámina reflectante para facilitar la transmisión del calor en la dirección deseada. Fig. 6-1

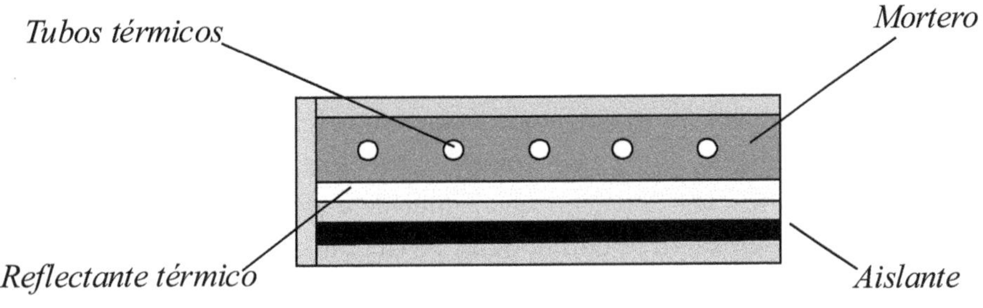

Fig. 6-1

Además, debajo de los tubos y también en su periferia y para evitar puentes térmicos, se coloca una placa aislante de polietileno expandido o similar.

Este sistema trabaja con temperaturas de entre 30 y 40 ºC, la cual es mucho menor que la usada en los otros vistos anteriormente.

CLIMATIZACIÓN DE PISCINAS.

Otro de los usos de la energía solar es para elevar la temperatura del agua de piscinas a valores comprendidos entre 20 y 30 ºC. Este rango de temperaturas facilita el uso de captadores mucho más simples que los vistos en los capítulos anteriores, ya que en este caso no es necesario contar con aislamiento térmico ni superficie transparente. En algunos casos, se recurre a una superficie negra de caucho de aproximadamente 4 a 5 *mm* de espesor con los tubos para la circulación del agua a calentar incluidos. Fig. 6-2,

Fig.6-2

Para el cálculo de la superficie de captación, se debe realizar un balance térmico teniendo en cuenta el volumen del agua de la piscina y las temperaturas de entrada y de salida a la misma, requiriéndose cuando es necesario la instalación complementaria de un termostato diferencial, como elemento de regulación y control de las bombas de circulación, en función del diferencial de temperatura elegido.

LA BOMBA DE CALOR.

Como *bomba de calor* se conoce a un conjunto de mecanismos con los que se puede elevar la temperatura a partir de una fuente térmica hasta un nivel que permita su aprovechamiento. En las aplicaciones más generalizadas, el calor es extraído del agua, aire ambiente o también de gases despedidos en la combustión en procesos industriales. La bomba eleva la temperatura a un valor lo suficientemente alto para así poder calentar las habitaciones. De este modo, en lugar de las energias convencionales cada vez mas escasas, se utiliza una energía casi gratuita obtenida de manantiales prácticamente inagotables. Si la bomba de calor solamente elevara la temperatura desde un nivel bajo a otro superior, su acción podría ser comparada con la de una central hidroeléctrica de acumulación por bombas, donde la energía es llevada desde un nivel inferior a otro superior. La diferencia radica en el hecho de que en un servicio con bombas de acumulación, el gasto de energía es casi igual al aumento de ésta, mientras que con la bomba de calor se gana más energía de la que se consume. Esa diferencia, reside en que para el caso de una central hidroeléctrica por bombas de acumulación, el agente de trabajo, que es el agua, permanece durante todo el ciclo en el mismo estado físico, lo cual no ocurre en caso de una bomba de calor en la que el agente de trabajo (gas líquido), cambia durante su ciclo termodinámico(2) dos veces de fase, entre líquida y gaseosa, tal como se muestra en el diagrama de la Fig.6-3

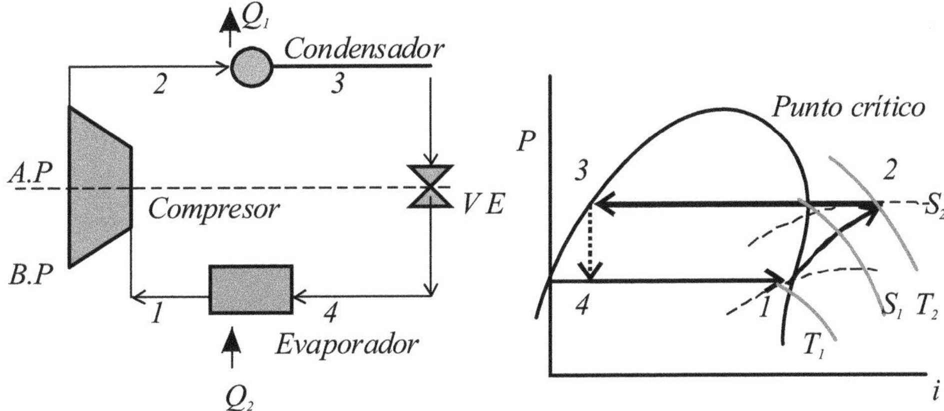

Fig. 6-3

Desde luego que en este proceso se intercambia mucha más energía que la que se necesita para el accionamiento de la bomba de calor.

Al igual que en otros tipos de calefacción, el *coeficiente de calefacción* ***e*** de una bomba viene dado por la relación entre la energía cedida Q_1 y la recibida L_c.

$$e = \frac{Q_1}{L_c} = \frac{L_c + Q_2}{L_c} = 1 + \xi \qquad (6-1)$$

donde:

$$\xi = \frac{Q_2}{L_c} \qquad (6\text{-}2)$$

es el efecto frigorífico.

En otras calefacciones, esta relación es menor que 1. En cambio, en la bomba de calor se puede contar con valores mayores a 3, ya que como consumo de energía se cuenta solamente el trabajo de circulación L_c y no el calor Q_2 absorbido por el evaporador, del que se dispone gratuitamente.

Como se aprecia en el ciclo de la Fig. 6-3, el trabajo L_c crece a medida que aumenta la diferencia entre las temperaturas de licuación y evaporación y por tal motivo se deberán

(2). *Ver "Termodinámica Tecnica"*

crear condiciones de transmisión de calor lo más favorables posible, proyectando las superficies de intercambio tan grandes como sea factible.

De la ecuación (6-1) se deduce simplemente que el trabajo L_c se conserva totalmente y se transforma en calor (*primer principio de la termodinámica*). Queda oculto sin embargo, que esta transformación esta ligada a una degradación de la energía de alto valor. Ambas exposiciones se pueden analizar haciendo uso de los conceptos de *exergía* y *anergía,* como los dos componentes de la energía de diferente valencia.

Como exergía se entiende las formas de energía de alta calidad o valor, convertibles ilimitadamente como la energía eléctrica y la mecánica y bajo el concepto de anergía las formas de energía no convertibles e incapaaces de entregar trabajo, como el potencial calorífico del medio ambiente (agua, aire exterior). La bomba de calor toma la anergía y la revaloriza con la exergía aportada como trabajo de accionamiento y cede ambas para el consumo exterior, en el que se vuelve a convertir en anergía.

La Fig.6-4 muestra una bomba de calor que aprovecha la radiación solar.

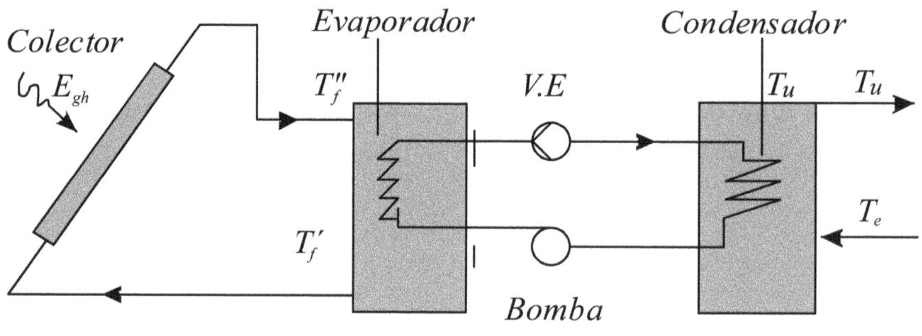

Fig. 6-4

El sistema utiliza dos depósitos de almacenamiento, uno a una temperatura relativamente baja de ≈ *35°C*, de donde absorbe calor el *evaporador* y otro a una temperatura relativamente alta ≈ *50* °C, que recibe calor del *condensador.*

El evaporador esta en contacto con un serpentín por el que circula un fluido caloportador que absorbe calor que es transferido a otro situado en el condensador

Como se estudió en el Capítulo III el captador plano tiene un rendimiento muy bueno si el fluido en contacto con el absorbente es bajo y lo mismo ocurre con el almacenamiento. Es por ello que el captador plano es muy conveniente en las aplicaciones a temperatura de almacenamiento del orden de los 30 o 40 °C.

Quizás, una de las mejores aplicaciones es la que corresponde a la calefacción de piscinas donde los captadores trabajan con un rendimiento del orden del 35% al 70 %. Si se desean temperaturas más altas (calefacción de locales y otros) se debe recurrir al acoplamiento de una bomba de calor.

SISTEMAS DE REFRIGERACIÓN SOLAR POR ABSORCIÓN.

En estos sistemas de refrigeración el fluido refrigerante no se aspira mecánicamente ya que es absorbido por una sustancia que al mezclarse, hace las veces de fluido transportador. Para ello, se cuenta con un absorbedor en el que se extrae calor para favorecer la mezcla y con un generador al cual se le entrega calor para lograr la separación del refrigerante que luego es derivado al circuito refrigerador.

De todos los sistemas conocidos, el más utilizado a escala industrial es el de *amoniaco-agua,* que exige garantizar la seguridad de funcionamiento. En el caso de refrigeración y acondicionamiento de aire, se utilizan componentes como el *bromuro de litio-agua* o *agua-cloruro de litio,* siendo en este caso, el agua el refrigerante.

La aplicación de la energía solar puede ser por:

a)- Sistema directo.
b)- Sistema indirecto.

a)- Sistema directo.

Tal como se observa en la Fig. 6-5 la separación del NH_3 se efectúa dentro del captador solar, haciendo éste las veces de separador.

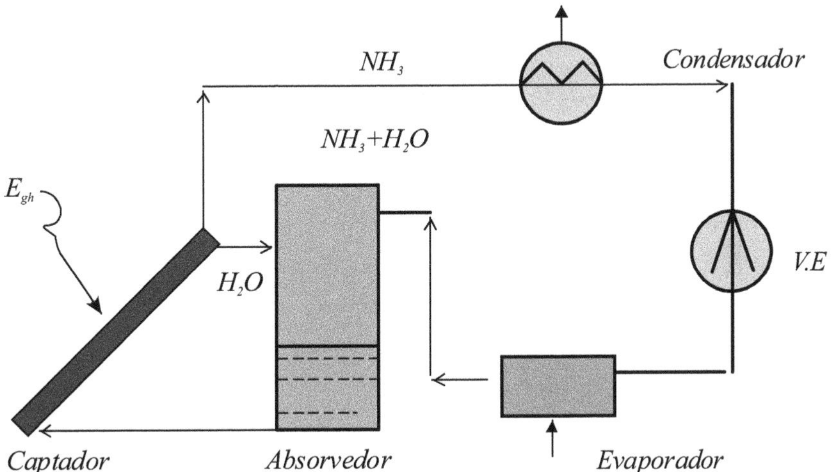

Fig. 6-5

Para garantizar un buen servicio, el captador solar debe estar en condiciones de asegurar una temperatura de trabajo de 80 °C a 90 °C y para el caso de usos industriales donde se requiere una mayor masa de refrigerante por unidad de tiempo, el captador deberá ser de concentración lineal o de tubos al vacío.

b)-Sistema indirecto.

Se emplea fundamentalmente en instalaciones para aire acondicionado y al igual que en los demás, vistos anteriormente, cuando no se dispone de energía solar suficiente, por tratarse de días nublados o de horas nocturnas, se deberá contar con el apoyo de un tanque térmico de almacenamiento de agua caliente o de energías convencionales de apoyo.

En la Fig. 6-6, la fuente de calor del generador esta constituida por un captador solar que trabaja en forma indirecta a temperaturas entre 110 y 220 ºC, calentando el agua necesaria para producir la separación del refrigerante que debe pasar luego por el condensador y de ahí a la válvula de expansión, para luego ser evaporado por el medio circundante y pasar al absorbedor en donde se le extrae calor para restablecer la mezcla agua-refrigerante.

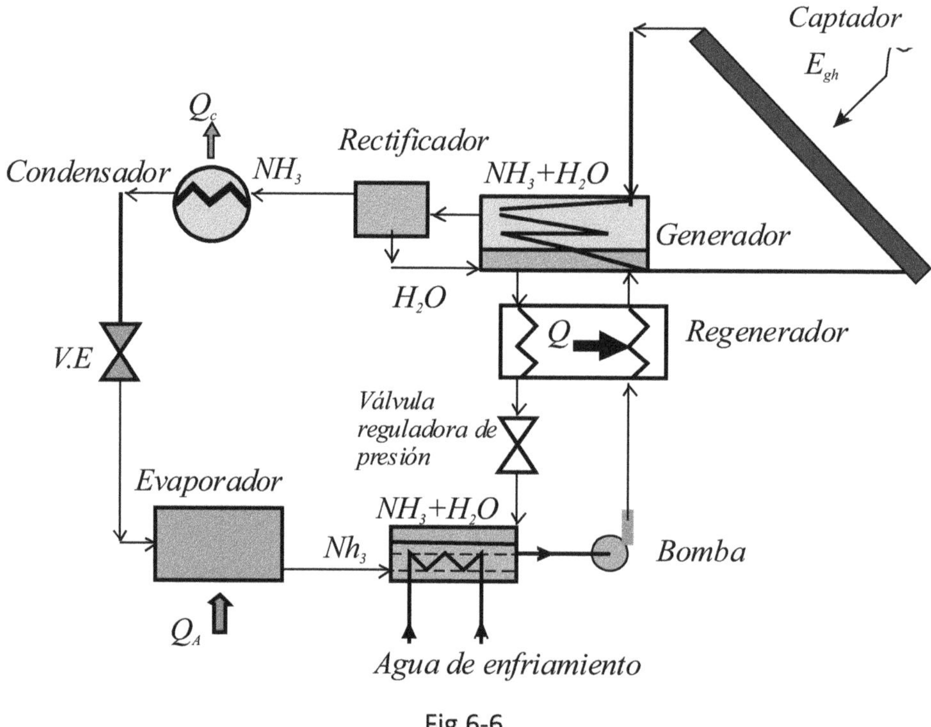

Fig.6-6

Entre el absorbedor y el generador, un regenerador transfiere a la mezcla parte del calor que posee el agua que regresa al absorbedor.
El equipo cuenta con un rectificador que a la salida del generador separa del vapor el agua, la que es envíada nuevamente al generador, además dispone de una válvula reguladora de presión que trabaja entre las zonas de baja y alta presión.

Para el aire acondicionado solar, la condensación del refrigerante se efectúa mediante agua previamente enfriada en una torre de enfriamiento. Luego pasa a un tanque de agua donde absorbe calor y se evapora. El agua a una temperatura no mayor de 8 ºC, es enviada a un equipo de enfriamiento (*fan-coil*) ventilador-serpentín, el cual recircula el aire entregado por un impulsor.

SEGURIDAD E HIGIENE DE LAS INSTALACIONES.

En las instalaciones solares para ACS o similares, se deben tener en cuenta la higiene la seguridad de las personas y los materiales.

Con referencia a la higiene, uno de los aspectos importantes es la prevención de la ***legionelosis***, enfermedad bacteriana de origen ambiental, que presenta diferentes formas clínicas como la infección pulmonar y el síndrome febril agudo.

La legionelosis es una bacteria ambiental capaz de sobrevivir en un rango de temperaturas de 20 a 45 °C, manteniéndose en estado latente a temperaturas inferiores. Ente las temperatura de 35 a 37 °C se produce su máxima multiplicación y el máximo riesgo. A los 70 °C, es abatida.

En aguas superficiales forma parte de la flora bacteriana, desde donde, si no se toman los recaudos necesarios, puede alcanzar y colonizar los sistemas de abastecimiento de agua, incorporándose a la red de distribución.

En el caso de las instalaciones solares para la provisión de ACS se debe evitar el estancamiento de agua y la acumulación de lodos, materia orgánica, materia de corrosión y otras.

La Organización Mundial de la Salud a dictado normas de cumplimiento obligado para ser aplicadas en las instalaciones de ACS.

La seguridad se refiere al diseño de la instalación solar térmica y debe extraerse de las normas que dictan los organismos competentes de cada zona y país. Algunas de las recomendaciones mas importantes son:

- Buscar los medios necesarios para la protección ante heladas.
- Instalación de medios de protección contra sobrecalentamientos por altas temperaturas del ambiente o reducido consumo de agua. Debe disponerse de sistemas de drenaje suficientes para que no alcance a las personas el agua caliente o el vapor.
- En el caso de que en los puntos de consumo se prevea temperaturas de 60 °C ó superiores, se deberan instalar válvulas mezcladoras con agua fría, en previsión de posibles quemaduras.

CAPITULO 7.

PURIFICACIÓN SOLAR DEL AGUA.

INTRODUCCIÓN.

El agua cubre aproximadamente un 71 % de la superficie del planeta pero el 95 % de la misma es demasiado salada como para ser consumida o utilizada en la agricultura o en la industria. La cantidad de agua apta para tales fines, representa solamente el 25 % del total.

Agua en el Planeta

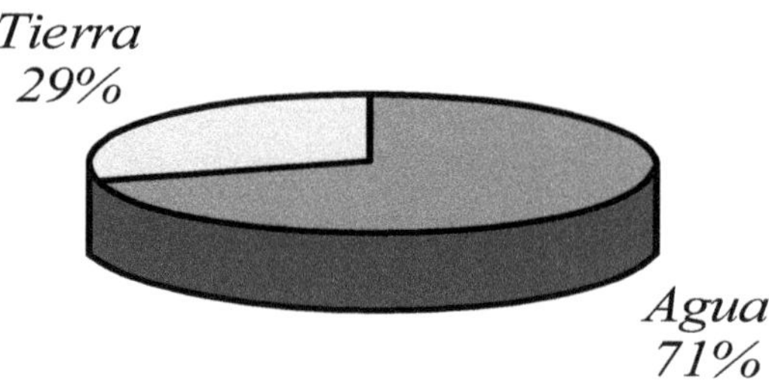

Fig. 7-1

Aproximadamente un 70 % del agua que se consume en todo el mundo se utiliza para riego, mientras que un 20 % es usado en la industria y un 10 % para uso residencial. En la competencia permanente por el uso del agua entre estos tres sectores, es la agricultura la que está en desventaja.

Además, debido al permanente crecimiento de la población, industrialización y urbanización hay un aumento significativo de la demanda de agua. Este incremento en las ciudades y la industria es satisfecho casi siempre mediante una disminución del suministro de agua para la agricultura. Como consecuencia, esa pérdida de capacidad para producir alimentos es compensada mediante la importación.

La escasez de agua que antes era un problema localizado, ahora a comenzado a cruzar las fronteras a través del mercado internacional de granos. Se puede destacar, que para producir una tonelada de granos son necesarias aproximadamente 1000 toneladas de agua, por lo que resulta ser este, el principal motivo que ha llevado a aquellos países que padecen la escasez de agua a importar gran parte de los alimentos que consumen, siendo esta una forma muy eficiente de "importar" agua.

Lo anterior se transforma en un grave problema para los países pobres que estan condenados a sufrir la escasez del agua.

La población actual en el mundo, hace que exista un importante déficit de agua el cual es compensado con una sobreexplotación de los recursos, como es por ejemplo, el agua subterránea, con el consiguiente riesgo de agotarlos por no permitir su recuperación.

El desarrollo de métodos orientados a aumentar la producción de agua apta para el consumo sin causar deterioro en el ecosistema, es una importante tarea a realizar. Es por eso que considerando el aprovechamiento de la energía solar como uno de los factores a tener en cuenta, por su disponibilidad y sencillez, pasaremos a estudiar algunas de sus aplicaciones.

EL AGUA POTABLE.

El agua que existe en la naturaleza por lo general siempre contiene una mayor o menor cantidad de cuerpos extraños.

Cuando el agua reúne ciertas condiciones que la hacen apta para la alimentación, se la llama agua potable.

El agua para ser potable debe cumplir las siguientes condiciones:

a)- Límpida

b)- Con sabor característico.

c)- Sin olor.

d)- No contener sustancias orgánicas en descomposición.

e)- No contener microorganismos productores de enfermedades.

f)- Debe cocer bien las legumbres

g)- Debe disolver bien el jabón sin formar grumos.

h)- Debe contener aire en disolución.

i)- Debe contener una cierta cantidad de sales en solución que no debe ser superior a medio gramo por mil. Estas sales, por lo general son: cloruros de sodio, calcio, magnesio y otros. Además, sulfatos de sodio, magnesio, etc.

Según lo publicado por la Organización Mundial de la Salud (OMS), en el mundo más de mil millones de personas beben agua insalubre, siendo ésta una de las principales vias de propagación de microorganismos como el Escherichia Coli, Vibrio cholerae, Salmonella spp, etc., causantes de infecciones gastrointestinales.

Entre los métodos existentes para el tratamiento del agua contaminada, puedemos citar los siguientes:

a)- Ebullición.

b)- Pausterización mediante captadores solares.

c)- Desinfección combinando el calor y la radiación U.V (ultra-violeta) del sol.

d)- Desinfección mediante lámparas U.V.

e)- Método químico de cloración.

Es importante tener en cuenta, que antes de proceder al tratamiento del agua debe eliminarse, en caso de ser necesario, la turbidez de la misma usando procesos de sedimentación o filtrado con membranas o con arena y grava.

PASTEURIZACIÓN.

El método de pasteurización, fue creado en el año 1862 por el químico francés Louis Pasteur y aplicado principalmente a la leche para prolongar su vida útil. Consiste fundamentalmente, en calentamientos a temperaturas inferiores a los 100 ºC para inactivar sus enzimas y destruir los microorganismos termosensibles sin provocar cambios importantes en el poder nutritivo y características organolépticas de los alimentos.

En la pausterización de productos lácteos, una de las técnicas más conocidas es el método UHT (Ultra High temperatura) donde el calentamiento es a 138 ºC durante 2 segundos. En el método HTST (High Temperatura, Short Time), el calentamiento es de 72 ºC durante un tiempo de 15 segundos.

La acción del calor, trae como consecuencia en los microorganísmos una desnaturalización de proteínas que destruye la actividad enzimatica y metabólica de los mismos, siendo la efectividad de la acción térmica dependiente entre otros factores, de la temperatura, tiempo de exposición según sea la naturaleza y sensibilidad de los microorganísmos, condiciones del medio, pH, humedad, viscosidad, etc.

Cuando el calentamiento es lo suficientemente alto, la velocidad de destrucción tiene un comportamiento lineal respecto al tiempo con lo que, a iguales períodos de tiempo se produce un mismo porcentaje de muertes, independientemente de la cantidad de microorganísmos inicialmente presentes. A este fenómeno, se lo conoce como *"orden de muerte logarítmica"* y se lo describe mediante la *"curva de supervivencia"*. A su vez el tiempo de calentamiento que se necesita para destruir el 90 % de los microorganismos presentes se llama *"de reducción decimal o valor "D"* y es distinto para las diferentes especies microbianas.

Como una consecuencia del orden de muerte logarítmica, se puede afirmar:

- A mayor número de microorganismos presentes, mayor es el tiempo necesario para la reducción del número de supervivientes.
- Debido a que la destrucción de los microorganismos sigue un orden logarítmico, ni aún empleando un tiempo infinito se podría alcanzar a destruir la totalidad de los que se encuentran presentes. Lo anterior indica que el método solo se orienta a reducir el número de microorganismos presentes.

PASTEURIZACIÓN UTILIZANDO CAPTADORES SOLARES.

La utilización de la radiación solar es para el calentamiento del agua un medio más económico y accesible que el uso de los combustibles convencionales. En aquellas zonas alejadas de los centros urbanos donde la obtención de aguas aptas para el consumo resulta inaccesible, este método permite conseguirla a un bajo costo en viviendas individuales o centros comunitarios.

Para la pasteurización del agua existen gráficos que muestran la relación temperatura-tiempo, Fig. 7-2. Cada curva del mismo, corresponde a un agente infeccioso en particular.

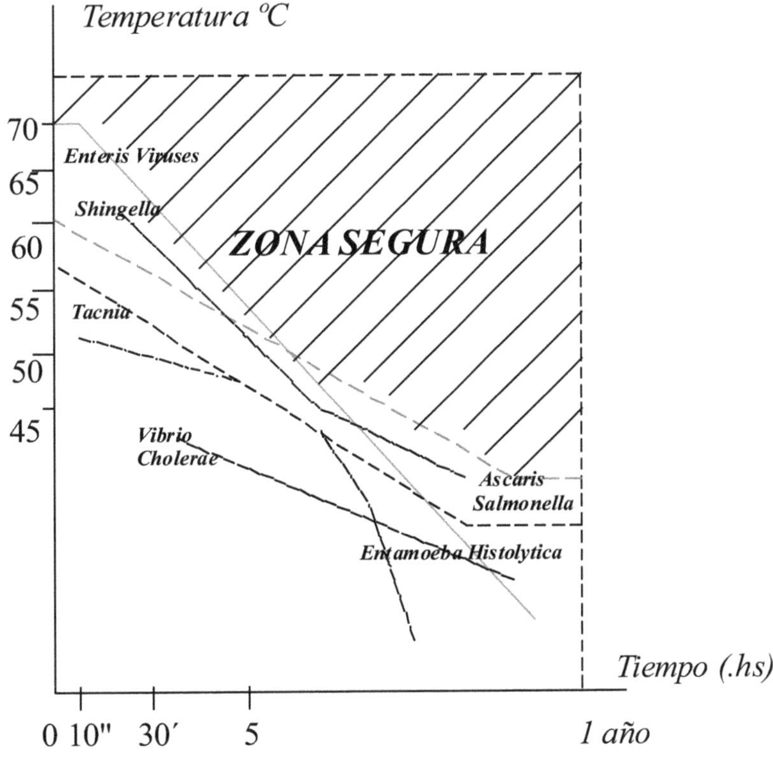

Fig. 7-2

Como puede observarse, el calentamiento del agua a temperaturas superiores a los 62,8 ºC durante 30 o a 71,7 ºC durante 15 segundos, es suficiente para remover aquellas bacterias, rotavirus y enterovirus transmitidas por el agua contaminada. Además, los quistes de Guardia Lambia que generalmente son resistentes a la cloración se inactivan fácilmente a 56 ºC durante 10 minutos. En este proceso, se logra la destrucción de organismos coliformes, además de otras bacterias que no son termoresistentes y que constituyen la mayor parte de los patógenos.

Captador solar potabilizador

Se compone de lo siguiente:

- Estructura soporte
- Marco estructural
- Captador plano
- Superficie transparente.
- Intercambiador de superficie.
- Depósito de almacenamiento
- Válvula termostatica
- Aislantes térmicos

En la Fig. 7-3 se muestra un modelo de captador pausterizador de agua, con los componentes anteriormente mencionados.

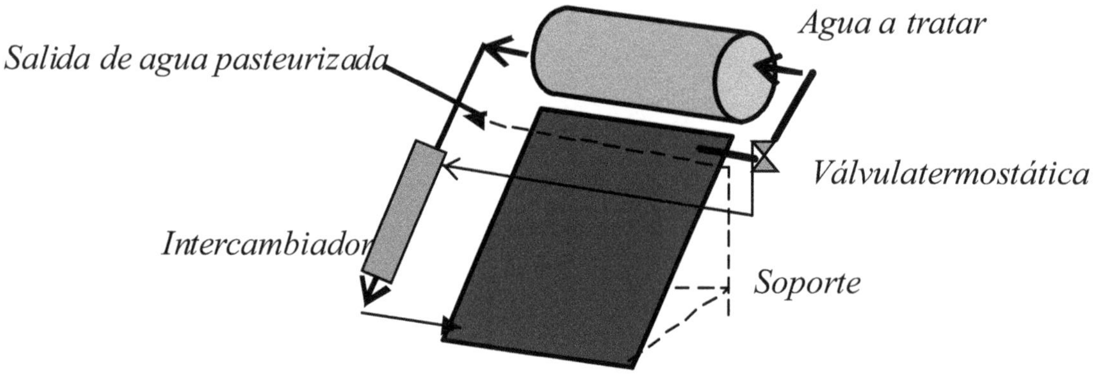

Fig 7-3

Ensayos realizados con un prototipo de 1 m^2 y con temperaturas de apertura y cierre de válvula a 90 ºC y 75 ºC respectivamente han arrojado 3 *litros* de agua por hora, con valores de aptitud microbiológica por debajo del límite máximo aconsejado por las normativa vigentes en la materia.

DESTILADORES.

Un alto contenido de sales disueltas en el agua, además de darle un sabor desagradable, hace que la misma no sea apta para el consumo.

Una de las sales de cuya remoción nos ocuparemos a continuación es el *arsénico*, la que al alcanzar en el agua concentraciones por encima de ciertos niveles, pone en serio riesgo la salud, provocando alteraciones de la piel con efectos secundarios en el sistema nervioso, irritación de los órganos del aparato respiratorio y gastrointestinal, además de acumulación en huesos, músculos, piel, hígado y riñones. Las evidentes pruebas sobre el efecto nocivo del arsénico, a llevado a que el Centro Internacional de Investigaciones Sobre Cáncer, lo haya clasificado dentro del grupo uno.

Para la remoción de elementos químicos del agua, como es el caso del arsénico, se puede recurrir a principios *físico-químicos* o *térmicos.*

Entre los primeros podemos citar los siguientes:

- *absorción y coprecipitación usando sales de hierro y aluminio.*
- *absorción de alúmina activada/carbón activado / bauxita activada.*
- *intercambio iónico.*
- *oxidación seguida de filtración.*
- *ablandamiento con cal.*
- *ósmosis inversa.*

Algunas de estas técnicas requieren costosos equipamientos como así también, personal especializado para atender su complejidad. Esto último es un factor que pone en riesgo su uso para zonas alejadas de los centros urbanos, donde la carencia de agua apta para el consumo es critica.

Si se desea obtener térmicamente agua químicamente pura sin sales en disolución, térmicamente se la deberá someter a un proceso de destilación que consiste en calentar el agua a 100 ºC, a la presión normal. Una vez en ebullición, el agua pasa al estado de vapor abandonando las sales que tiene disueltas, para luego condensarse al pasar por un refrigerador. Al agua destilada para ser potabilizada, deben agregársele luego los minerales esenciales.

Destilador térmico.

Uno de los destiladores más antiguos basado en el principio térmico fue el usado en los navíos para eliminar las sales del agua de mar.

Este sistema consta de una fuente de calor que evapora el agua a destilar, haciendo que el vapor se eleve y se condense al ponerse en contacto en la parte superior con una fuente fría. El agua destilada tal como se muestra en la Fig. 7-4, se recoge debajo del condensador

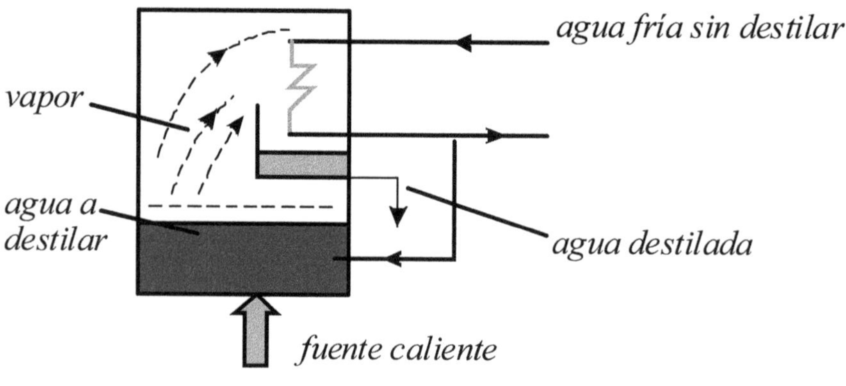

Fig.7-4

En este caso, el foco caliente entrega calor a una masa de agua y el vapor producido se eleva y al ponerse en contacto con la fuente fría se condensa para ser depositado en un recipiente desde donde se extrae para su utilización. Su eficiencia esta dada por:

$$\eta_g = \frac{\dot{m}_d . r}{\dot{Q}} \qquad (7-1)$$

siendo $\dot{m}_d$: caudal másico de agua destilada.

r: el calor latente de vaporización del agua a la temperatura del foco caliente.

$\dot{m}_d . r$ calor útil.

$\dot{Q}$: es el calor suministrado a la masa de agua a destilar por unidad de tiempo.

Por lo general el agua de mar contiene cerca de 3 % de sólidos por peso, correspondientes a cerca de 34000 ppm, comparados con 340 ppm del agua dulce. En ese caso, en lugar de evaporar cerca del 90 % se acostumbra hacerlo solamente con un tercio del agua a tratar y el resto que contiene 5% de sólidos, o sea 51000 ppm, se descarta. Esta gran cantidad de purga, hace que sea conveniente pensar en sistemas de evaporación al vacío que trabajan a temperaturas más reducidas, favoreciendo de ese modo, una baja velocidad de incrustación. La reducción en volumen por condensación se logra mediante un condensador barométrico con eyectores. Es evidente que para este caso se deberá contar con la provisión de vapor a presión.

Destilador solar plano.

Es uno de los más sencillos y consiste en un recinto estanco cubierto por un vidrio inclinado con un ángulo de aproximadamente 15° respecto a la horizontal, en el que se condensa el vapor producido bajo la acción del flujo solar incidente sobre el agua a destilar contenida en la parte inferior. El agua evaporada y recogida como destilado, se repone en forma continua desde el exterior, Fig. 7-5.

Al igual que en los colectores, se deben tener en cuenta parámetros *internos y externos* relacionados con el proceso de destilación.

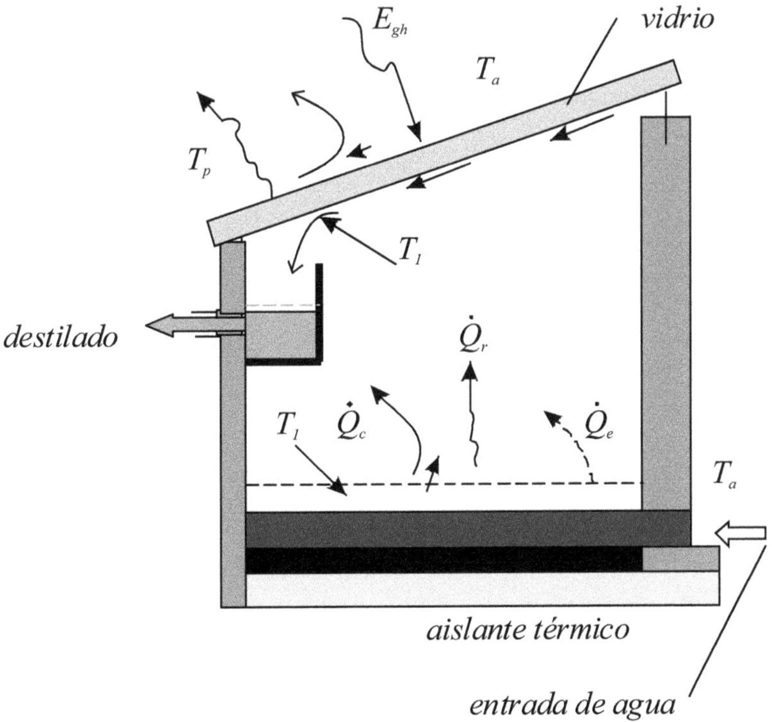

Fig 7-5

Entre los primeros cabe mencionar:

Geométricos.

- Inclinación del vidrio
- Altura del nivel de agua de la masa a destilar

Funcionales.

- Temperaturas del sistema y del fluido, particularmente la que corresponde al agua aportada y a la de destilado

Como parámetros *externos* se debe tener en cuenta:

- Los relacionados a la insolación.
- Meteorológicos, como por ejemplo, la velocidad del viento a lo largo del vidrio, la cual tiene gran incidencia.

De acuerdo a datos experimentales aportados por los investigadores, cuando la inclinación del vidrio aumenta, la parte sombreada del plano de agua aumenta en general. Como consecuencia, es conveniente elegir la inclinación mínima sin que se desprendan las gotas; un valor aceptable es de aproximadamente 15º.

En las curvas de la Fig. 7-6 se muestra la producción de agua destilada en $m^3/día$ en función de la altura del nivel de agua y de la radiación solar incidente.

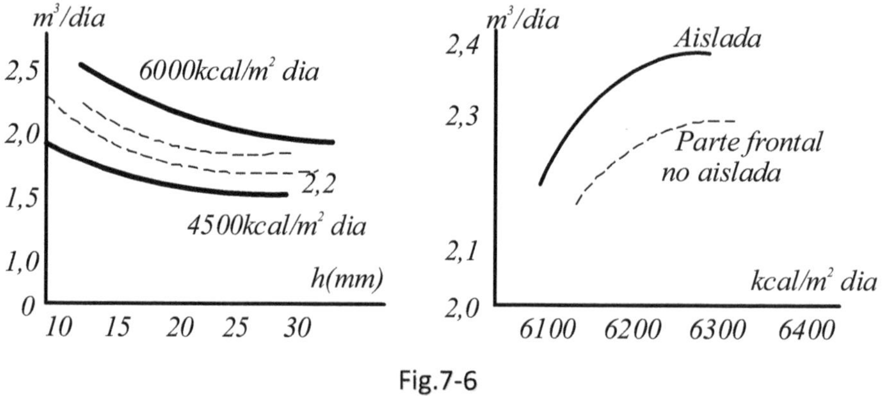

Fig.7-6

Otro factor importante es la superficie trasera interna del destilador, la cual es conveniente que sea reflectora para que de ese modo se incremente el caudal producido.

CÁLCULO DEL PROCESO DE DESTILACIÓN.

La eficiencia global del proceso se refiere a:

$$\eta_g = \frac{\dot{m}_d . r}{A . E_n} = \frac{\dot{Q}}{A . E_n} \qquad (7-2)$$

En la que:

A : es la superficie de captación

$\dot{Q}$: es la cantidad de calor utilizada en la evaporación por unidad de tiempo

Mientras que la eficiencia interna del destilador es:

$$\eta_i = \frac{\dot{m}_d . r}{\dot{Q}_W} \qquad (7-3)$$

$\dot{Q}_W$ es el calor recibido por la masa de agua en la unidad de tiempo, la que es funcion del ángulo de incidencia de la radiación sobre el vidrio.

$$\dot{Q}_W = A . E_n \left(\tau_v . \varepsilon_w + \tau_v . \tau_e . \varepsilon_d \right) \qquad (7-4)$$

donde

τ_v coeficiente de transmisión del vidrio

τ_w coeficiente de transmisión del agua.

ε_d coeficiente de absorción del fondo del destilador.

El fondo del destilador deberá estar construido para que el calor absorbido sea transmitido al agua por conducción y convección.

Para un vidrio de 6 *mm* de espesor y para una capa de agua de 10 *mm* los valores medios globales de reflexión, absorción y transmisión son los que se muestran en la Tabla Nº 7-1.

Tabla Nº 7-1
Reflexión, absorción y transmisión solar del destilador.

Angulo de incidencia de la radiación		0-30	45	60
Vidrio	ξ_v	0,05	0,06	0,1
	ε_v	0,05	0,05	0,05
	τ_v	0.90	0,89	0,85
Capa de agua	ξ_w	0,02	0,03	0,06
	ε_w	0,30	0,30	0,30
	τ_w	0,86	0,67	0,64
Fondo del destilador	ξ_d	0,05	0,05	0,05
	ε_d	0,95	0,95	0,95
	τ_d	0	0	0

En base a los datos de dicha tabla, se puede trabajar con un coeficiente de absorción ficticio ξ'_w para la masa de agua haciendo según sea el ángulo de incidencia.

$$\varepsilon'_w = \tau_v.\varepsilon_w + \tau_v.\tau_w.\varepsilon_d \qquad (7-5)$$

Intercambio térmico de los distintos componentes del destilador solar.

El calor perdido por la masa de agua en la unidad de tiempo es:

$$\sum \dot{Q}_i = \dot{Q}_r + \dot{Q}_C + \dot{Q}_{ev} \qquad (7-6)$$

$\dot{Q}_r$, $\dot{Q}_c$ y $\dot{Q}_{ev}$ son las cantidades de calor por unidad de tiempo correspondientes a la radiación, convección y evaporación.

$$\dot{Q}_{ev} = \dot{m}_w.r \qquad (7-7)$$

dónde r es el calor latente de vaporización a la temperatura del agua interior T_{wi}.

Vemos que entonces

$$\sum \dot{Q}_i = \dot{Q}_r + \dot{Q}_C + \dot{Q}_{ev} = \varphi\left(T_{wi}, T_s, \dot{m}_w\right) \qquad (7-8)$$

El calor que absorbe la masa $\dot{m}_{wr}$ del agua de reposición en la unidad de tiempo es:

$$\dot{Q}_{wr} = \dot{m}_{wr}.c_{wr}.\left(T_{wi} - T_{wr}\right) \qquad (7-9)$$

Como consecuencia, el balance térmico será

$$\varphi\left(T_{wi}, T_s, \dot{m}_w\right) + \dot{m}_{wr}.c_{wr}.\left(T_{wi} - T_{wr}\right) = \varepsilon'_w\ A\ E_{hg} \qquad (7-10)$$

El vidrio transmite por conducción el siguiente flujo térmico hacia el exterior del destilador.

$$\dot{Q}_{vid} = \frac{\lambda_v}{e}\left(T_i - T_e\right)A = \dot{Q}_r + \dot{Q}_c + \dot{Q}_e \qquad (7-11)$$

λ_v : coeficiente de conductibilidad del vidrio y e su espesor.

$\dot{Q}_e$: calor que se libera por la condensación del vapor en la cara interna del vidrio.

e: espesor del vidrio.

El intercambio de calor entre el vidrio y el medio exterior viene dado por la fórmula:

$$\dot{Q}_{vid} = \dot{Q}_{cv} + \dot{Q}_{rv}$$

donde

$$\dot{Q}_{cv} = h_c \left(T_c - T_a\right) A$$

$$\dot{Q}_r = \alpha_r \left(T_p - T_a\right) A$$

Como en el sistema las incógnitas son: T_i, T_1, T_e y $\dot{m}_{wr}$, el mismo no es compatible, por lo que hay que recurrir a algún método numérico para su solución.

Si bien hay antecedentes de instalaciones con producción a escala industrial, (*Las Salinas-Chile 1872-Sup*: *4700* m^2 .*Caudal apróx*: *23.000l/día*). Los destiladores son una buena opción para los casos en que se necesitan volúmenes de producción de hasta $50\,m^3\,/\,día$ en zonas alejadas de los centros de distribución de agua potable.

ANÁLISIS DE LOS INCONVENIENTES QUE SE PRESENTAN EN LOS DESTILADORES PLANOS.

Entre los factores que influyen sobre el rendimiento de los destiladores planos se pueden citar:

- La existencia de zonas de sombra sobre el plano de agua para pequeñas alturas del Sol, siendo la causa principal la geometría propia del sistema.
- Como consecuencia de la fuerte insolación lateral e inferior, se produce una elevada inercia térmica que distrae una cantidad de calor importante para elevar la temperatura del conjunto del destilador.
- Dificultad para eliminar los puentes térmicos entre los distintos componentes del recipiente que contiene el agua a destilar y el destilador propiamente dicho.

- El agua que se condensa sobre el vidrio refleja una parte importante de la radiación incidente, incrementándose más aún dicho fenómeno, si la condensación se produce en forma de gotas.

Como consecuencia de los inconvenientes mencionados, los investigadores trabajan actualmente en el diseño de destiladores en los se eliminen las causas del bajo rendimiento de los destiladores planos, adoptando para ello una geometría que no permita sombras sobre el espejo de agua, como así también materiales que eliminen los puentes térmicos y un sistema de barrido del agua condensada sobre la superficie de condensación para evitar la reflexión, aumentando la vaporización y la producción de agua destilada.

Se muestra a continuación, la curva de producción diaria para el caso de un destilador esférico transparente con sistema de barrido en la semiesfera superior Fig. 7-7.

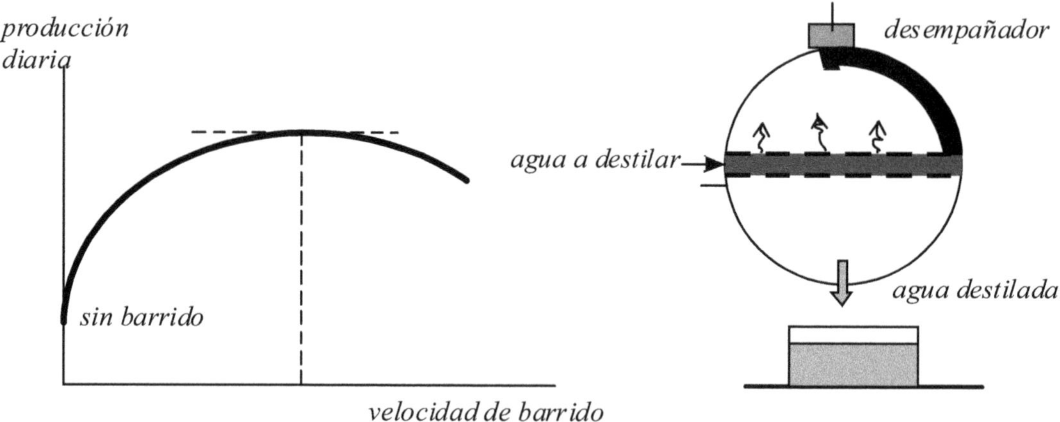

Fig. 7-7

Se puede apreciar, que el caudal máximo, para una curva de irradiación diaria en particular, corresponde a una determinada velocidad de barrido.

El agua que se deberá tratar, es depositada en una bandeja ubicada en el diámetro horizontal de la esfera, mientras que el agua destilada se acumula en la parte inferior de la misma, desde donde luego es extraída.

CAPITULO 8

SECADO SOLAR.

INTRODUCCIÓN.

El estudio termodinámico de las transformaciones del aire húmedo, incluye un capitulo que se refiere al *"proceso de secado"*, tema del cual nos encargaremos en este capitulo. Haremos referencia a algunos conceptos básicos que son necesarios.

Se denomina *"aire húmedo"* a una mezcla de aire seco y vapor de agua sobrecalentado. Por cada kilogramo de aire seco, el vapor de la mezcla podrá aumentar o disminuir haciendo variar las condiciones psicrométricas del aire húmedo, las que se valoran mediante los siguientes parámetros:

HUMEDAD ABSOLUTA. *X*.

Se refiere a la masa de vapor de agua sobrecalentado que hay por cada unidad de masa de aire seco y por lo general se expresa en $\frac{gr}{kg}$.

$$X = \frac{m_v}{m_a} \qquad (8\text{-}1)$$

Humedad absoluta máxima. X_S.

Es la masa de vapor de agua saturado que hay por cada unidad de masa de aire seco dada en $\frac{gr}{kg}$.

$$X = \frac{\dot{m}_{vs}}{\dot{m}_a} \qquad (8\text{-}4)$$

Humedad relativa φ.

Es la masa de vapor de agua sobrecalentado que contiene el aire a una temperatura determinada, en relación a la que contiene cuando alcanza la saturación y esta expresada por:

$$\varphi = \frac{X}{X_S} \quad \text{ó} \quad \varphi = \frac{p_v}{p_S} \qquad (8\text{-}5)$$

Estas y otras variables que influyen sobre el comportamiento del aire húmedo se encuentran relacionadas entre sí en diagramas como el de *Mollier* y *Psicrométrico,* de valiosa ayuda en el estudio de procesos como el de secado.

$$X = \frac{m_v}{m_a} \qquad (8\text{-}6)$$

SECADORES SOLARES.

Los secadores solares aprovechan la radiación solar directa y el efecto invernadero que se logra al atravesar la radiación solar la cubierta transparente. Dentro de la cámara de secado y por efecto del incremento de temperatura, se produce una corriente de aire que al circular por convección que le quita la humedad a los productos.

El secado puede ser realizado en forma *directa* o *indirecta*, disponiéndose en la mayoría de los casos de un sistema de apoyo térmico convencional para cuando la radiación solar es insuficiente.

Sistema indirecto.

En este caso la radiación no incide sobre el producto, ya que el aire se calienta en el colector y luego es derivado a la cámara de secado. Fig. 8-1.

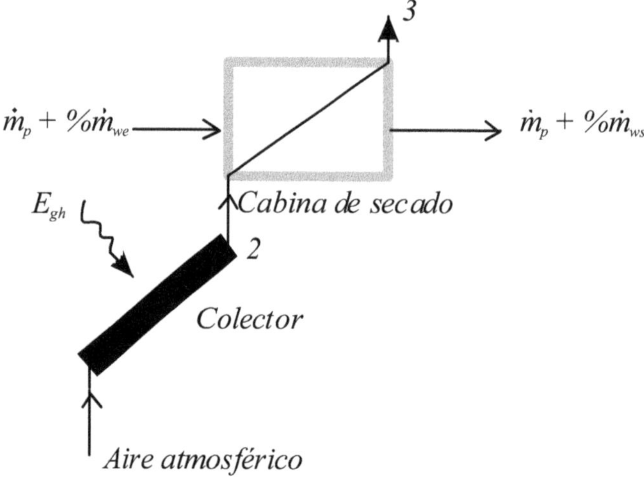

Fig.8-1

La transformación del aire húmedo que se produce durante el proceso de secado es un *calentamiento* y un posterior *humedecimiento* del aire, proceso este que se muestra en las Fig 8-2.

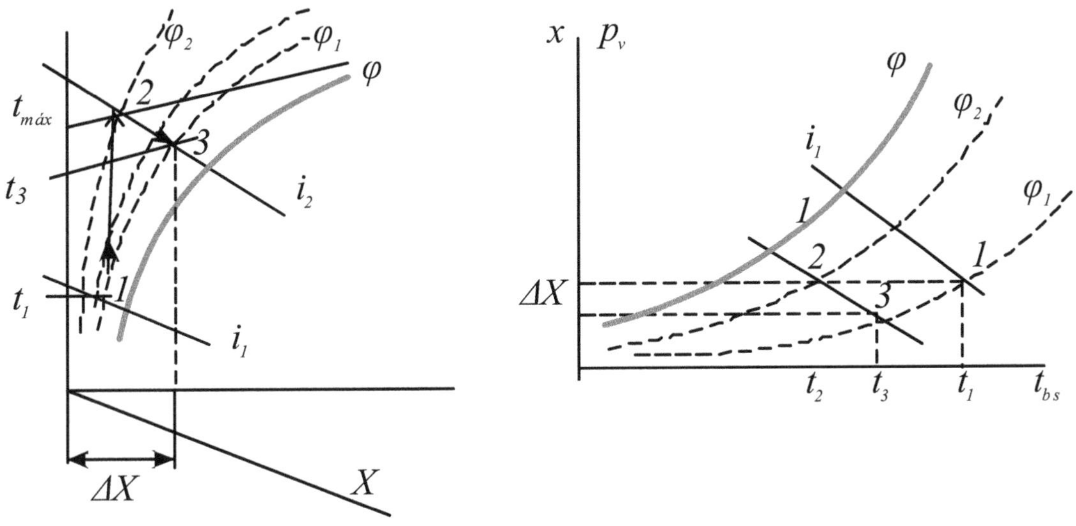

Fig. 8-2

En el calentamiento *1-2* se aumenta la entalpía del aire y se disminuye la humedad relativa a φ_2.

El sistema puede trabajar por convección natural o forzada. En el primer caso, la cámara hace las veces de chimenea de circulación extrayéndo el aire húmedo por la parte superior.

Al pasar el aire seco por la cámara de secado, absorbe la humedad de los productos a secar a entalpía constante, saliendo luego por *3* con una humedad relativa φ_3, habiendo quitado una cantidad de agua igual a:

$$\Delta X = X_3 - X_1 \ \frac{kg_{agua}}{kg_{aire\,seco}}$$

Una vez conocida la masa $\dot{m}_w$ de agua a extraer por hora, en función del grado de secado deseado y del porcentaje de agua que contiene el producto, se puedrá determinar la masa de aire $\dot{m}_a$, que debe circular por hora por el secador, usando la expresión:

$$\dot{m}_w = \dot{m}_a . \Delta X \qquad (8\text{-}7)$$

Siendo la masa de aire:

$$\dot{m}_a = \frac{\dot{m}_w}{\Delta X} \qquad (8\text{-}8)$$

Conocido este valor, la cantidad de calor necesaria para su calentamiento es:

$$\dot{Q} = \dot{m}_a \left(i_2 - i_1 \right)$$

Para la determinacion del área A de captación solar necesaria, despejando de la ecuación:

$$\dot{Q} = \eta_c . A_c . E_{gh} \qquad (8\text{-}9)$$

se obtiene:

$$A_c = \frac{\dot{Q}}{\eta_c . E_{gh}} \qquad (8\text{-}10)$$

Como ventajas de este secador, se pueden citar:

- Mejor control del proceso.
- Al estar la cámara separada de los colectores facilita la manipulación del producto.
- Es más apto para el secado de productos a granel

Como desventajas se observa:

- Un mayor costo inicial, acorde con la producción prevista.
- Mantenimiento más especializado.

Sistema directo.

La cámara hace las veces de captador recibiendo la radiación solar directa, la que a su vez es absorbida por el propio producto. La circulación del aire se realiza por convección natural, practicándose orificios en forma adecuada para facilitar la entrada y salida del aire.

Como ventajas en este tipo de secador se pueden citar:

- Adaptación a pequeñas producciones.

- Menor costo.
- No requiere mantenimiento especializado.

Siendo las desventajas:

- Control del proceso poco confiable.
- Destrucción en el caso de algunos productos de compuestos orgánicos de valor comercial.

Sistema mixto.

Se pueden combinar los sistemas vistos anteriormente, haciendo que para el indirecto la cámara de secado se construya de tal forma, que al recibir el aire caliente provisto por el captador, exponga a su vez al producto a la acción directa de la radiación solar, colocando para ello una cubierta transparente como se muestra en la Fig. 8-3.

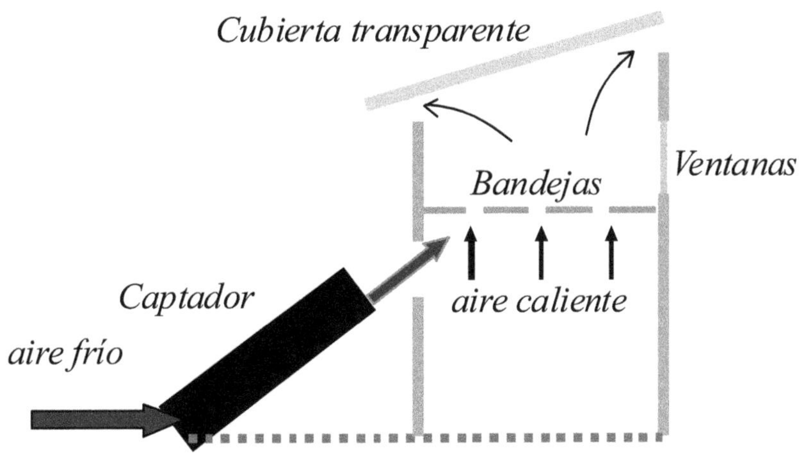

Fig.8-3

La circulación del aire puede ser, según convenga, por convección natural o forzada. En el primero de los casos, es la cámara la que hace las veces de chimenea de circulación, extrayéndo el aire húmedo por su parte superior.En el segundo caso, se deberá proveer un impulsor de aire, de acuerdo a las nececidades de la cámara.

Captador solar plano para aire

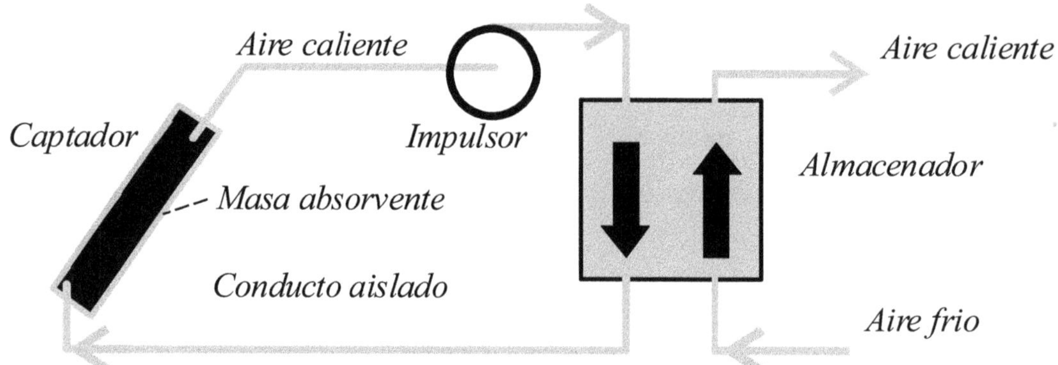

Fig. 8-4

Si bien las características particulares de cada captador solar de aire dependen de cual será su aplicación, para la mayoría de los casos el aire circula a baja velocidad a través de una masa porosa con amplia capacidad de absorción del calor, la cual recibe la radiación solar directamente, o a través de una cubierta transparente. Fig.8-4.

El aire una vez elevada su temperatura, es enviado a un almacenador de calor construido utilizándo materiales que ya fueron indicados en el Capitulo IV.

TABLAS

A continuación se dan los siguientes materiales de consulta: tablas de propiedades físicas, valores de algunas funciones y magnitudes cálculadas necesarias para contrar el intercambio de calor.

Conversión de las magnitudes físicas de unas unidades de medición en las de otra especie

Fuerza	1 kgf = 9,80665 N; 1 N = 10^5 dinas
Presión	1 kgf/cm² = 98066,5 N/m²; 1 kgf/cm² = 736,5 mm Hg; 1 Bar = 10^5N/m²; 1 Bar = 1,02 kgf/cm²
Trabajo	1 kgf·m = 9,80665 J
Energía	1 kW·h = 860 kcal; 1 CV·h = 0,736 kW·h
Cantidad de calor	1 kcal = 4,1868 kJ
Flujo calorífico	1 kcal/h = 1,163 W
Densidad del flujo calorífico	1 kcal/(m²·h) = 1,163 W/m²
Entalpia, el calor de transición de fase	1 kcal/kg = 4,1868 kJ/kg
Calor específico	1 kcal/(kg·°C) = 4,1868 kJ/(kg·°C)
Coeficiente dinámico de viscosidad	1 kgf·s/m² = 9,81 N·s/m²
Coeficiente de conductibilidad térmica	1 kcal/(m·h·°C) = 1,163 W/m·°C)
Coeficiente de traspaso del calor (de termotransferencia)	1 kcal/(m²·h·°C) = 1,163 W/(m²·°C)
Coeficiente de radiación	1 kcal/(m²·h·K⁴) = 1,163 W/(m²·K⁴)

Conversión de algunas magnitudes físicas del sistema de unidades inglés en las de otra especie

Longitud	1 ya (yard) = 3 ft (feet) = 36 in (inches) = 0,9144 m; 1 in = 0,3048 m; 1 ft = 2,54 cm = 0,0254 m
Area	1 yd^2 = 0,836 m^2; 1 ft^2 = 0,0929 m^2; 1 in^2 = 6,452 cm^2
Volumen	1 ft^3 = 0,02832 m^3 = 28,32 l; 1 in^3 = 16,39 cm^3; 1 gal (gallon) = 3,7852
Masa	1 ton (short ton) = 2000 lb (pounds) = 907,184 kg; 1 long ton = 1016, 05 kg; 1 lb = 16 oz (ounces) = 0,4536 kg; 1 oz = 28,35 g
Volumen específico	1 ft^3/lb = 0,06243 m^3/kg
Densidad	1 lb/ft^3 = 16,0185 kg/m^3; 1 oz/ft^3 = 1,0 kg/m^3
Presión	1 lb/ft^2 = 4,88 kgf/m^2 (mm de columna de agua); 1 lb/in^2 = 702,7 kgf/m^2 = = 0,0703 kgf/cm^2 = 51,71 mm de columna de mercurio
Coeficiente de viscosidad	1lb (fts) = 1,488 kgf/(m·s); 1 lb/ft^2 = 47,88 kgf/(m·s) = 478, 8 poises
Coeficiente cinemático de viscosidad	1 ft^2/s = 334,45 m^2/h = 0,929 m^2/s = 929,0 st (stokes); 1 st = 1 cm^2/s = 10^4 m^2/s
Temperatura	$t, °C = \frac{5}{9}(t, °F + 40) - 40$; $t, °F = \frac{9}{5}(t, °C + 40) - 40$; T, K = t, °C + 273; t, °C = 12,5 t°R; t, °R = 0,8°C
Cantidad de calor	1 Btu (British thermal unit) = = 0,252 kcal = 1,055 kJ; 1 pcu (pound centigrad unit) = 1,8 Btu = = 0,4536 kcal = 1,9 kJ
Densidad del flujo calorífico	1 Btu/(ft^2·h) = 2,71 kcal/(m^2·h) = = 3,153 W/m^2
Capacidad térmica	1 Btu/(lb·°F) = 1,0 kcal/(kg·°C) = = 4,19 kJ/(kg·°C)
Coeficiente de conductibilidad térmica	1 Btu/(ft·h·°F) = 1,488 kcal/(m·h·°C) = = 1,73 W (m·°C); 1 Btu (in·h·°F) = 17,88 kcal (m·h·°C) = = 20,8 W (m·°C); 1 Btu (in·ft^2·h·°F) = = 0,124 kcal (m·h·°C) = 0,144W/(m·°C)
Coeficiente de traspaso del calor (de termotransferencia)	1 Btu/(ft^2·h·°F) = = 4,822 kcal (m^2·h·°C) = = 5,68 W/(m^2·°C); 1 pcu/(ft^2·h·°C) = = 4,878 kcal/(m^2·h·°C) = = 5,67 W/(m^2·°C)

TABLA 1:
SISTEMA INTERNACIONAL DE UNIDADES (*SI*)

Magnitud	Unidades fundamentales	Símbolos
Longitud	metro	m
Masa	kilogramo	Kg
Tiempo	segundo	s
Intensidad de corriente eléctrica	Amperio	A
Temperatura Termodinámica	grado Kelvin	$°k$

ALGUNAS MAGNITUDES DERIVADAS

Área	metro cuadrado	m^2
Volumen	metro cúbico	m^3
Velocidad	metro por segundo	$m \cdot s^{-1}$
Aceleración	metro por segundo al cuadrado	$m \cdot s^{-2}$
Densidad	kilogramo por metro cúbico	$kg \cdot m^{-3}$
Fuerza	newton	$N : (kg \cdot m \cdot s^{-2})$
Presión	pascal	$Pa : (N \cdot m^{-2})$
Viscosidad dinámica	pascal por segundo	$Pa \cdot s (N \cdot m^{-2} \cdot s)$
Energía	julio	$J : (N \cdot m)$
Potencia flujo de calor	vatio	$W : (J \cdot s^{-1})$
Calor específico	julio por kilogramo por grado kelvin	$J \cdot kg^{-1} \cdot °K^{-1}$
Entalpía	julio por kilogramo	$J \cdot kg^{-1}$
Entropía	julio por grado kelvin	$J \cdot °K^{-1}$
Densidad de flujo calorífico	vatio por metro cuadrado	$W \cdot m^{-2}$
Coeficiente de conductibilidad térmica	vatio por metro por gradokelvin	$W \cdot m^{-1} \cdot °K^{-1}$

TABLA 2

Densidad ρ, coeficiente de conductibilidad térmica λ, calor específico c_p y coeficiente de conductibilidad de la temperatura a en diferentes materiales

Denominación del material	t, °C	ρ, kg/m³	λ W/(m·°C)	c_p, kJ/(kg·°C)	$a \cdot 10^6$, m²/s
1	2	3	4	5	6
Materiales aislantes, de construccion y otros					
Alfol	50	20	0,0465	—	—
Algodón mineral	100	250	0,47	—	—
Algodón de vidrio	0	200	0,0372	0,67	0,278
Arcilla refractaria	450	1845	1,04	1,09	0,516
Arena húmeda	20	1650	1,130	2,09	0,492
Arena seca	20	1500	0,326	0,798	2,73
Asbesto en chapas	30	770	0,1163	0,818	0,198
Asfalto	20	2110	0,698	2,09	0,159
Azucar granulado	0	1600	0,582	1,26	0,278
Cartón de bagazo	20	215	0,0465	—	—
Cartón corrugado	—	—	0,064	—	—
Carbón mineral	20	1400	0,186	1,31	1,03
Celuloide	30	1400	0,210	—	—
Cemento portland	30	1900	0,303	1,13	0,140
Clinquer	30	1400	0,163	1,42	0,114
Corcho granulado	20	45	0,0384	—	—
Coque fino	100	449	0,191	1,22	0,035
Creta	50	2000	0,93	0,88	0,531
Cristal de cuarzo ⊥ al eje	0	2500–2800	7,21	0,836	3,34
Cristal de cuarzo ‖ al eje	0	2500–2800	13,6	—	—
Cuero (de suela)	30	1000	0,160	—	—
Esquisto	100	2800	1,49	—	—
Estucado	20	1680	0,78	—	—
Fibra de amianto	50	470	0,1105	0,818	0,290
Fibra (placa)	20	240	0,049	—	—
Fieltro basto de lana	30	330	0,0524	—	—
Goma	0	1200	0,163	1,38	0,0985
Grava	20	1840	0,361	—	—
Hielo	−95	—	3,96	1,17	—
Hielo	0	920	2,25	2,26	1,08
Hollín de lámpara	40	190	0,0314	—	—
Hormigón	20	2300	1,280	1,13	0,494
Hormigón de carbonilla en terrones	20	240	0,43	0,88	0,495
Incrustación de caldera	65	—	0,13–3,14	—	—
Ladrillo de aislamiento	100	500	0,1395	—	—

TABLA 3

CALOR ESPECÍFICO DEL AGUA ($Kcal \ / \ Kg \ ° C$) **(HÜTTE).**

0°C	1,0091	30°C	0,9973	60°C	0,9988	90°C	1,0028
5	1,0050	35	0,9971	65	0,9994	95	1,0034
10	1,0020	40	0,9971	70	1,0001	100	1,0043
15	1,0000	45	0,9973	75	1,0007		
20	0,9987	50	0,9977	80	1,0014		
25	0,9978	55	0,9982	85	1,0021		

TABLA 5

PROPIEDADES DEL AGUA.

Temperatura *t*: (°C)	Calor específico *C*: (*cal/gr°C*)	Peso específico ρ : (gr/cm^3)	Viscosidad μg (*gr/cm.seg*)	Coef. conductividad térmica λ : (*cal/cm.seg°C*)
0,00	1,009	1,000	0,018	0,00135
10,00	1,002	1,000	0,013	0,00139
21,10	0,998	0,998	0,008	0,00144
32,20	0,997	0,995	0,0076	0,00149
43,00	0,997	0,994	0,0062	0,00152
54,00	0,998	0,986	0,0051	0,00155
66,00	0,999	0,981	0,0043	0,00157
77,00	1,001	0,975	0,0037	0,00159
88,00	1,003	0,967	0,0033	0,00161
99,00	1,005	0,960	0,0029	0,00163
116,00	1,010	0,948	0,0025	0,00164
127,00	1,015	0,938	0,0022	0,00164

TABLA 4

CALOR ESPECÍFICO MEDIO (c_m) DE ALGUNOS CUERPOS SÓLIDOS Y LÍQUIDOS (HÜTTE).

Acero y hierro	0,115	Ladrillo	0,22
Aluminio	0,220	Madera (encina)	0,57
Antimonio	0,050	Madera (pino)	0,65
Bismuto	0,030	Mica potásica	0,21
Cobre	0,094	Mica sódica	0,21
Constantan	0,098	Vidrio	0,20
Estaño	0,056	Yeso	0,20
Latón	0,092	**LIQUIDOS**	
Manganeso	0,120	Aceite de oliva	0,40
Magnesio	0,250	Aceite de trementina	0,42
Mercurio	0,035	Aceite lubricante	0,40
Níquel	0,110	Acido acético	0,51
Oro	0,031	Acido sulfúrico	0,33
Plata	0,056	Alcohol	0,58
Platino	0,032	Alquitrán (baja temp.)	0,50
Plomo	0,031	Amoníaco	1,00
Wolframio	0,034	Anhidrido sulfuroso	0,32
Zinc	0,094	Anilina	0,49
SOLIDOS		Benzol	0,40
Arenisca	0,22	Cloroformo	0,23
Azufre	0,18	Eter	0,54
Basalto	0,20	Glicerina	0,58
Caliza, mármol	0,21	Naftalina	0,31
Carbón de leña	0,20	Nitrógeno líquido	0,43
Cenizas	0,20	Oxigeno líquido	0,347
Coque	0,20	Petróleo	0,50
Escorias	0,18		
Grafito	0,20		
Hielo	0,50		
Hormigón	0,21		
Hulla	0,31		
granito	0,20		

TABLA 6

VISCOSIDADES

Fluido	Viscosidad dinámica $\mu = \frac{Kg\,.seg}{m^2}$
Vapor de agua	$0,92 \times 10^{-6}$
Oxígeno	2×10^{-6}
Nitrógeno	$1,7 \times 10^{-6}$
Hidrógeno	$0,88 \times 10^{-6}$
CO_2	$1,5 \times 10^{-6}$
Aire $0\,^{\circ}C$	$1,7 \times 10^{-6}$
Aire $20\,^{\circ}C$	$1,8 \times 10^{-6}$
Aire $40\,^{\circ}C$	$1,95 \times 10^{-6}$

TABLA 7

VELOCIDADES MEDIAS DE ALGUNOS FLUIDOS

Fluido	*Velocidad media* $\overline{V}$
Vapor saturado	20 a $30\,m/s$
Vapor sobrecalentado	30 a $80\,m/s$
Aire comprimido	6 a $10\,m/s$
Gas natural	20 a $40\,m/s$
Agua	1 a $3\,m/s$
Petróleo	0,4 a $1,5\,m/s$

TABLA 8

Coeficiente de conductibilidad térmica λ, W/(m·°C), de metales y aleaciones a diferentes temperaturas

Metal o aleación	Temperatura, en °C							
	0	20	100	200	300	400	500	600
Acero dulce	63	—	57	52	46	42	36	31
Aleaciones de aluminio:								
92% de Al y 8% de Mg	102	106	123	148	—	—	—	—
80% de Al y 20% de Si	158	160	169	174	—	—	—	—
Aluminio	202	—	206	229	262	319	371	422
Cobre (99,9%)	293	—	385	378	371	365	359	354
Duraluminio: 94—96% de Al, 3—5% de Cu y 0,5% de Mg	159	165	181	194	—	—	—	—
Latón:								
90% de Cu, 10% de Zn	102	—	117	134	149	166	180	195
70% de Cu, 30% de Zn	106	—	109	110	114	116	120	121
67% de Cu, 33% de Zn	100	—	107	113	121	128	135	151
60% de Cu, 40% de Zn	106	—	120	137	152	169	186	200
Metal Monel: 29% de Cu, 67% de Ni y 2% de Fe	—	22,1	24,4	27,6	30	34	—	—
Nicromo:								
90% de Ni, 10% de Cr	17,1	17,4	19,0	20,9	22,8	24,6	—	—
80% de Ni, 20% de Cr	12,2	12,6	13,8	15,6	17,2	19,0	—	22,6
Nicromo de hierro:								
61% de Ni, 15% de Cr, 20% de Fe y 4% de Mn	—	11,6	11,9	12,2	12,4	12,7	—	13,1
61% de Ni, 16% de Cr y 23% de Fe	11,9	12,1	13,2	14,6	16,0	17,4	—	—
Plata alemana: 60% de Cu, 15% de Ni 22% de Zn	—	25,0	31	40	45	49	—	—

TABLA 9

Grado de radiación integral en la radiación normal total de diferentes materiales

Denominación del material	t, °C	ε
Aluminio	225—575	0,039—0,057
Aluminio rugoso	26	0,055
Aluminio oxidado a 600 °C	200—600	0,11 —0,19
Hierro pulido	425—1020	0,144—0,377
Hierro recién esmerilado	20	0,242
Hierro oxidado	100	0,736
Hierro oxidado liso	125—525	0,78—0,82
Hierro colado no desbastado	925—1115	0,87—0,95
Acero colado pulido	770—1040	0,52—0,56
Acero en chapas rectificado	940—1100	0,55—0,61
Acero oxidado a 600 °C.	200—600	0,80
Acero en chapas con capa de óxido densa brillante	25	0,82
Hierro fundido torneado	830—990	0,60 —0,70
Hierro fundido oxidado a 600 °C	200—600	0,64 —0,78
Oxido de hierro	500—1200	0,85 —0,95
Oro cuidadosamente pulido	225—635	0,018—0,035
Placa de latón laminada con superficie natural	22	0,06
Placa de latón laminada y pulida con esmeril basto	22	0,20
Placa de latón opaca	50—350	0,22
Latón oxidado a 600 °C	200—600	0,61 —0,59
Cobre electrolítico cuidadosamente pulido	80—115	0,018—0,023
Cobre comercial raspado hasta obtener brillo, que no es especular	22	0,072
Cobre oxidado a 600 °C	200—600	0,57 —0,87
Oxido de cobre	800—1100	0,66 —0,54
Cobre fundido	1075—1275	0,16 —0,13
Filamento de molibdeno	725—2600	0,096—0,292
Níquel puro pulido técnicamente	225— 375	0,07 —0,087
Hierro niquelado y decapado, no pulido	20	0,11
Alambre de níquel	185—1000	0,096—0,186
Níquel oxidado a 600 °C	200—600	0,37 —0,48
Oxido de níquel	650—1255	0,59 —0,86
Cromoníquel	125—1034	0,64—0,76
Estaño brillante, hierro estañado en chapas	25	0,043—0,064
Platino puro, placa pulida	225—625	0,054—0,104
Cinta de platino	925—1115	0,12 —0,17
Filamento de platino	25—1230	0,036—0,192
Alambre de platino	225—1375	0,073—0,182
Mercurio muy puro	0—100	0,09 —0,12
Plomo gris, oxidado	25	0,281
Polmo oxidado a 200 C	200	0,63

Denominación del material	t, °C	ε
Plata pura pulida	225— 625	0,0198—0,032
Cromo	100—1000	0,08 —0,26
Cinc (al 99,1%) pulido	225— 325	0,045—0,053
Cinc oxidado a 400 °C	400	0,11
Hierro galvanizado brillante en chapas	28	0,228
Hierro galvanizado, gris, oxidado, en chapas	24	0,276
Cartón de asbesto	24	0,96
Papel de amianto	40— 370	0,93 —0,945
Papel fino pegado sobre una lámina de metal	19	0,924
Agua	0— 100	0,95 —0,963
Yeso	20	0,903
Roble cepillado	20	0,895
Cuarzo fundido rugoso	20	0,932
Ladrillo rojo áspero, pero sin rugosidades grandes .	20	0,93
Ladrillo Digas rugoso, no vidriado	100	0,80
Ladrillo Dinas rugoso, vidriado	1100	0,85
Ladrillo de chamota, vidriado	1100	0,75
Ladrillo refractario	—	0,8 —0,9
Laca blanca de esmaltar sobre una lámina rugosa de hierro	23	0,906
Laca negra brillante pulverizada sobre una placa de hierro	25	0,875
Laca negra mate	40— 95	0,96 —0,98
Laca blanca	40— 95	0,80 —0,95
Goma laca negra, brillante sobre hierro estañado . .	21	0,821
Goma laca negra mate	75— 145	0,91
Pinturas al aceite de colores diferentes	100	0,92 —0,96
Pinturas de aluminio de vejez diferente y contenido variable de Al	100	0,27 —0,67
Laca de aluminio sobre una placa rugosa	20	0,39
Pintura de aluminio después de haberla calentado hasta 325°C	150—315	0,35
Mármol grisáceo, pulido	22	0,931
Placa dura de goma lustrada	23	0,945
Goma blanda, gris, rugosa (refinada)	24	0,859
Vidrio liso	22	0,937
Negro, hollín de vela	95—270	0,952
Negro con vidrio líquido	100—185	0,959—0,94
Negro de lámpara de 0,075 mm y más	40— 370	0,945
Cartón alquitranado	21	0,910
Carbón depurado (0,9% de ceniza)	125— 625	0,81 —0,79
Filamento de carbón	1040—1405	0,526
Porcelana vidriada	22	0,924
Estucado rugoso de mortero de cal	10— 88	0,91
Esmalte blanco soldado al hierro	19	0,897

TABLA 10

Valores de las funciones exponenciales e hiperbólicas

x	e^{+x}	e^{-x}	sh x	ch x	th x
0,0	1,00	1,00	0,000	1,100	0,000
0,1	1,11	0,90	0,100	1,005	0,100
0,2	1,22	0,82	0,201	1,020	0,197
0,3	1,34	0,74	0,305	1,045	0,291
0,4	1,49	0,67	0,411	1,081	0,380
0,5	1,64	0,61	0,521	1,128	0,462
0,6	1,82	0,55	0,637	1,186	0,537
0,7	2,00	0,50	0,759	1,255	0,604
0,8	2,22	0,45	0,888	1,337	0,664
0,9	2,46	0,41	1,027	1,433	0,716
1,0	2,72	0,37	1,175	1,543	0,762
1,1	3,00	0,33	1,336	1,668	0,801
1,2	3,32	0,30	1,510	1,811	0,834
1,3	3,70	0,27	1,698	1,971	0,862
1,4	4,06	0,25	1,904	2,151	0,885
1,5	4,50	0,22	2,129	2,352	0,905
1,6	4,95	0,20	2,376	2,577	0,922
1,7	5,55	0,18	2,646	2,828	0,935
1,8	6,05	0,17	2,942	3,108	0,947
1,9	6,63	0,15	3,268	3,418	0,956
2,0	7,39	0,14	3,627	3,762	0,964
2,1	8,12	0,12	4,022	4,144	0,971
2,2	9,03	0,11	4,457	4,568	0,976
2,3	9,98	0,10	4,937	5,037	0,980
2,4	11,0	0,091	5,466	5,557	0,984
2,5	12,3	0,083	6,050	6,132	0,987
2,6	13,5	0,074	6,695	6,769	0,989
2,7	14,8	0,067	7,406	7,474	0,991
2,8	16,4	0,061	8,192	8,253	0,993
2,9	18,2	0,055	9,060	9,115	0,994
3,0	20,1	0,050	10,018	10,068	0,995

TABLA 11

TABLA: VAPOR DE AMONIACO SATURADO

t	*p*	*v*		Entalpía (*cal/Kg*)			Entropía (*Cal/Kg°C*)		Energía (*Cal/Kg*)	
°C	*Kg/cm2*	v'(dm^3/ *Kg*)	*v*"(m^3/ *Kg*)	*i'*	*r*	*i"=λ*	*S'*	*S"*	ρ	A.p.u
-50	0,417	1,425	2,617	-53,8	337,9	284,1	-0,217	1,298	312,5	25,4
-45	0,556	1,437	2,002	-48,5	334,6	286,1	-0,194	1,274	308,5	26,1
-40	0,732	1,449	1,550	-43,2	331,3	288,1	-0,171	1,251	304,7	26,6
-35	0,950	1,462	1,215	-37,9	327,9	290,0	-0,148	1,229	301,0	26,9
-30	1,219	1,476	0,973	-32,6	324,5	291,9	-0,126	1,209	297,1	27,4
-25	1,546	1,490	0,771	-27,3	321,0	293,7	-0,104	1,190	293,1	27,9
-20	1,940	1,504	0,624	-21,8	317,3	295,5	-0,083	1,171	289,0	28,3
-15	2,410	1,519	0,509	-16,4	313,5	297,1	-0,062	1,153	284,9	28,6
-10	2,966	1,534	0,418	-11,0	309,7	298,7	-0,041	1,136	280,7	29,0
-5	3,619	1,550	0,347	-5,5	305,6	300,1	-0,020	1,120	276,3	29,3
0	4,379	1,566	0,290	0,0	301,5	301,5	0,0	1,104	272,0	29,5
5	5,259	1,583	0,244	5,5	297,3	302,8	0,020	1,089	267,5	29,8
10	6,271	1,601	0,206	11,1	292,8	303,9	0,040	1,074	262,8	30,0
15	7,427	1,619	0,175	16,7	288,3	305,0	0,059	1,060	258,1	30,2
20	8,741	1,639	0,149	22,4	283,5	305,9	0,079	1,046	253,2	30,3
25	10,225	1,659	0,128	28,1	278,7	306,8	0,098	1,032	248,3	30,4
30	11,895	1,680	0,111	33,8	273,6	307,4	0,117	1,019	243,2	30,4
35	13,765	1,702	0,096	39,7	268,3	308,0	0,135	1,006	238,2	30,1
40	15,850	1,726	0,083	45,5	262,9	308,4	0,154	0,993	232,6	30,3
45	18,165	1,750	0,073	51,4	257,2	308,6	0,172	0,981	226,9	30,3
50	20,727	1,777	0,064	57,4	251,3	308,7	0,190	0,968	220,9	30,4

TABLA 12

TABLA DE LOS VAPORES SATURADOS DE FREÓN-12

Temperatura		Presión absoluta	Volumen específico		Densidad		Entalpía		Calor de vaporización	Entropía		Razón del calor de vaporización a la temperatura absoluta
t, °C	T, °K	p, bar	del líquido v', dm³/kg	del vapor v'', m³/kg	del líquido ρ', kg/dm³	del vapor ρ'' kg/m³	del líquido i' kJ/kg	del vapor i'', kJ/kg	r, kJ/kg	del líquido s', kJ/(kg·°K)	del vapor s'', kJ/(kg·°K)	kJ/(kg·°K)
−20	253,15	1,5098	0,6868	0,1107	1,456	9,034	400,47	564,00	163,54	4,11835	4,76449	0,64615
−19	254,15	1,5695	0,6882	0,1067	1,453	9,372	401,39	564,51	163,12	4,12182	4,76387	0,64205
−18	255,15	1,6306	0,6897	0,1030	1,450	9,709	402,27	565,01	162,74	4,12530	4,76324	0,63794
−17	256,15	1,6941	0,6911	0,09938	1,447	10,06	403,15	565,49	162,32	4,12877	4,76261	0,63384
−16	257,15	1,7593	0,6925	0,09597	1,444	10,42	404,03	565,93	161,90	4,13220	4,76198	0,62978
−15	258,15	1,8262	0,6940	0,09268	1,441	10,79	404,95	566,43	161,48	4,13564	4,76135	0,62572
−14	259,15	1,8947	0,6954	0,08952	1,438	11,17	406,04	566,89	161,07	4,13907	4,76077	0,62170
−13	260,15	1,9662	0,6973	0,08650	1,434	11,56	406,75	567,40	160,65	4,14250	4,76018	0,61768
−12	261,15	2,0391	0,6988	0,08361	1,431	11,96	407,63	567,86	160,23	4,14598	4,75964	0,61366
−11	262.15	2.1138	0.7003	0.08082	1.428	12.37	408.55	568.36	159.81	4.14941	4.75905	0.60964
−10	263,15	2,1910	0,7018	0,07813	1,425	12,80	409,47	568,86	159,39	4,15280	4,75859	0,60579
−9	264,15	2,2700	0,7032	0,07558	1,422	13,23	410,39	569,32	158,93	4,15624	4,75805	0,60181
−8	265,15	2,3520	0,7047	0,07313	1,419	13,68	411,27	569,78	158,51	4,15963	4,75739	0,59796
−7	266,15	2,4353	0,7062	0,07078	1,416	14,13	412,19	570,24	158,05	4,16302	4,75704	0,59402
−6	267,15	2,5215	0,7077	0,06852	1,413	14,60	413,11	570,74	157,63	4,16645	4,75658	0,59013
−5	268,15	2,6088	0,7092	0,06635	1,410	15,08	414,03	571,21	157,17	4,16984	4,75612	0,53628
−4	269,15	2,6999	0,7107	0,06427	1,407	15,57	414,95	571,67	156,71	4,17323	4,75562	0,58238
−3	270,15	2,7928	0,7127	0,06226	1,403	16,07	415,87	572,13	156,25	4,17663	4,75516	0,57853
−2	271,15	2,8870	0,7143	0,06028	1,400	16,59	416,84	572,63	155,79	4,18006	4,75478	0,57472
−1	272,15	2,9857	0,7158	0,05844	1,397	17,11	417,76	573,09	155,33	4,18341	4,75432	0,57091
0	273,15	3,0857	0,7173	0,05667	1,394	17,65	418,68	573,55	154,87	4,18680	4,75394	0,56714
1	274,15	3,1882	0,7189	0,05496	1,391	18,20	419,60	574,01	154,41	4,19019	4,75348	0,56329
2	275,15	3,2934	0,7205	0,05330	1,388	18,76	420,56	574,47	153,91	4,19354	4,75302	0,55948
3	276,15	3,4006	0,7220	0,05166	1,385	19,35	421,49	574,93	153,45	4,19693	4,75265	0,55571
4	277,15	3,5112	0,7241	0,05012	1,381	19,95	422,45	575,39	152,94	4,20028	4,75227	0,55199
5	278,15	3,6244	0,7257	0,04863	1,378	20,56	423,37	575,85	152,48	4,20363	4,75189	0,54826
6	279,15	3,7398	0,7273	0,04721	1,375	21,18	424,33	576,31	151,98	4,20702	4,75152	0,54449
7	280,15	3,8587	0,7289	0,04583	1,372	21,82	425,30	576,77	151,48	4,21037	4,75118	0,54081
8	281,15	3,9797	0,7310	0,04450	1,368	22,47	426,22	577,19	150,98	4,21372	4,75080	0,53708
9	282,15	4,1044	0,7326	0,04323	1,365	23,13	427,18	577,65	150,47	4,21707	4,75043	0,53336
10	283,15	4,2301	0,7342	0,04204	1,362	23,79	428,14	578,11	149,97	4,22042	4,75013	0,52971
11	284,15	4,3606	0,7358	0,04086	1,359	24,48	429,11	578,53	149,43	4,22377	4,74976	0,52599
12	285,15	4,4354	0,7380	0,03970	1,355	25,19	430,07	578,99	148,92	4,22712	4,74946	0,52235
13	286,15	4,6296	0,7396	0,03858	1,352	25,92	431,03	579,41	148,380	4,23043	4,74909	0,51866
14	287,15	4,7681	0,7413	0,03751	1,349	26,66	431,99	579,83	147,84	4,23378	4,74875	0,51498

TABLA 13

PROPIEDADES DEL AIRE.

Temperatura t: (ºC)	Calor específico C: (cal/grºC)	Peso específico ρ : (gr/cm³)	Viscosidad μg (gr/cm.seg)	Coef. conductividad térmica λ : (cal/cm.segºC)
0,00	0,240	0,00130	0,000170	0,000054
10,00	0,240	0,00125	0,000174	0,000055
20,00	0,240	0,00120	0,000182	0,000057
30,00	0,240	0,00116	0,000186	0,000059
40,00	0,240	0,00112	0,000190	0,000060
50,00	0,240	0,00109	0,000194	0,000062
60,00	0,240	0,00106	0,000198	0,000063
70,00	0,240	0,00103	0,000202	0,000065
80,00	0,240	0,00100	0,000211	0,000067
90,00	0,240	0,00097	0,000215	0,000068
100,00	0,240	0,00095	0,000219	0,000070
120,00	0,241	0,00089	0,000227	0,000072

TABLA 14

TABLA DEL AIRE HÚMEDO- $p_H = 760\ mm$ DE HG.

Temperatura t [°C]	Pres. vapor p_s[kg/m^2]	Humedad máxima x_s[gr/kg]	Vol. Específico aire húmedo v_s[m^3/kg] aire seco	Entalpía aire seco i_a[Cal/kg]	Entalpía aire húmedo i_s[Cal/kg]
-20	10,5	0,64	0,718	-4,80	-4,42
-15	16,8	1,02	0,732	-3,60	-2,90
-10	26,5	1,59	0,747	-2,40	-1,46
-5	40,9	2,47	0,762	-1,20	0,27
0	62,3	3,77	0,778	0,00	2,24
2	72,0	4,36	0,784	0,48	3,08
4	82,9	5,03	0,791	0,96	3,96
6	95,4	5,79	0,797	1,44	4,90
8	109,4	6,76	0,804	1,92	5,91
10	125,2	7,63	0,812	2,40	6,98
12	143,0	8,73	0,819	2,88	8,12
14	163,0	9,97	0,826	3,36	9,35
16	185,4	11,4	0,833	3,84	10,7
18	210,4	12,9	0,841	4,32	12,1
20	238,4	14,7	0,850	4,80	13,7
22	269,6	16,7	0,858	5,28	15,4
24	304,2	18,9	0,866	5,76	17,2
26	342,7	21,3	0,876	6,24	19,2
28	385,4	24,1	0,885	6,72	21,4
30	432,7	27,2	0,896	7,20	23,8
34	542,5	34,5	0,918	8,16	29,2
38	675,6	43,5	0,942	9,12	35,7
40	752,2	48,8	0,956	9,60	39,6
45	977,3	65,0	0,995	10,8	50,8
50	1257,7	86,2	1,042	12,0	65,3
55	1605	114,4	1,1	13,2	84,2
60	2031	203	1,270	15,6	142
70	3177	275	1,401	16,8	190
80	4830	544	1,875	19,2	363
90	7150	1395	3,330	21,6	909
100	10333			24,0	

TABLA 15

TABLA PSICROMÉTRICA PARA LA DETERMINACIÓN DE LA HUMEDAD RELATIVA

Humedad relativa en %. Presión 755 mm de Hg.

Temperatura termómetro húmedo t_{bh}	t_{bs}-t_{bh} Diferencia entre la temperatura de los termómetros seco y húmedo																				
	0	1	2	3	4	5	6	7	8	9	10	11	12	13	14	15	16	17	18	19	20
-20	100	40																			
-18	100	48	4																		
-16	100	55	16																		
-14	100	61	27																		
-12	100	65	35	10																	
-10	100	69	42	20																	
-8	100	73	49	28	11																
-6	100	76	55	36	20	7															
-4	100	78	59	43	28	16	5														
-2	100	80	63	48	35	24	13	4													
0	100	82	65	51	39	28	18	8													
2	100	83	67	54	42	31	22	13	6												
4	100	84	70	57	46	36	28	19	13	6	1										
6	100	85	72	61	50	41	33	25	18	13	7	3									
8	100	86	74	63	54	45	37	30	24	18	13	9	5	1							
10	100	87	76	66	57	48	41	34	28	23	18	14	10	7	3	1					
12	100	88	78	68	59	52	44	38	32	27	22	18	14	11	8	5	3	1			
14	100	89	79	70	62	54	47	41	36	31	26	22	18	15	12	9	7	5	3	1	
16	100	90	80	72	64	57	50	44	39	34	30	26	22	19	16	13	11	8	6	5	3
18	100	90	81	73	66	59	53	47	42	37	33	29	25	22	19	16	14	12	10	8	6
20	100	91	82	74	67	61	55	49	44	40	36	32	28	25	22	20	17	15	13	11	9
22	100	91	83	76	69	63	57	52	47	42	38	34	31	28	25	22	20	18	16	14	12
24	100	92	84	77	70	64	59	53	49	44	40	37	33	30	27	25	22	20	18	16	14
26	100	92	85	78	71	65	60	55	51	46	42	39	36	33	30	27	25	22	20	18	17
28	100	92	85	79	72	67	62	57	52	48	44	41	38	35	32	29	27	24	22	20	19
30	100	93	86	79	73	68	63	58	54	50	46	43	39	36	34	31	29	26	24	22	21
32	100	93	86	80	75	69	64	59	56	51	48	44	41	38	35	33	30				
34	100	93	87	81	75	70	65	61	57	52	49	46	43	40	37						
35	100	93	87	81	76	70	66	62	57	53	50	46	43	40	38						

DIAGRAMAS

DIAGRAMA PSICROMETRICO
TEMPERATURA DE BULBO SECO (EN ° C)
GRAMOS DE AGUA POR KG DE AIRE SECO
ENTALPIA EN SATURACION KCAL/KG DE AIRE SECO
TEMPERATURA DE BULBO HUMEDO Y PUNTO DE ROCIO O TEMPERATURA DE SATURACION
% DE HUMEDAD RELATIVA
TEMPERATURA DE BULBO HUMEDO

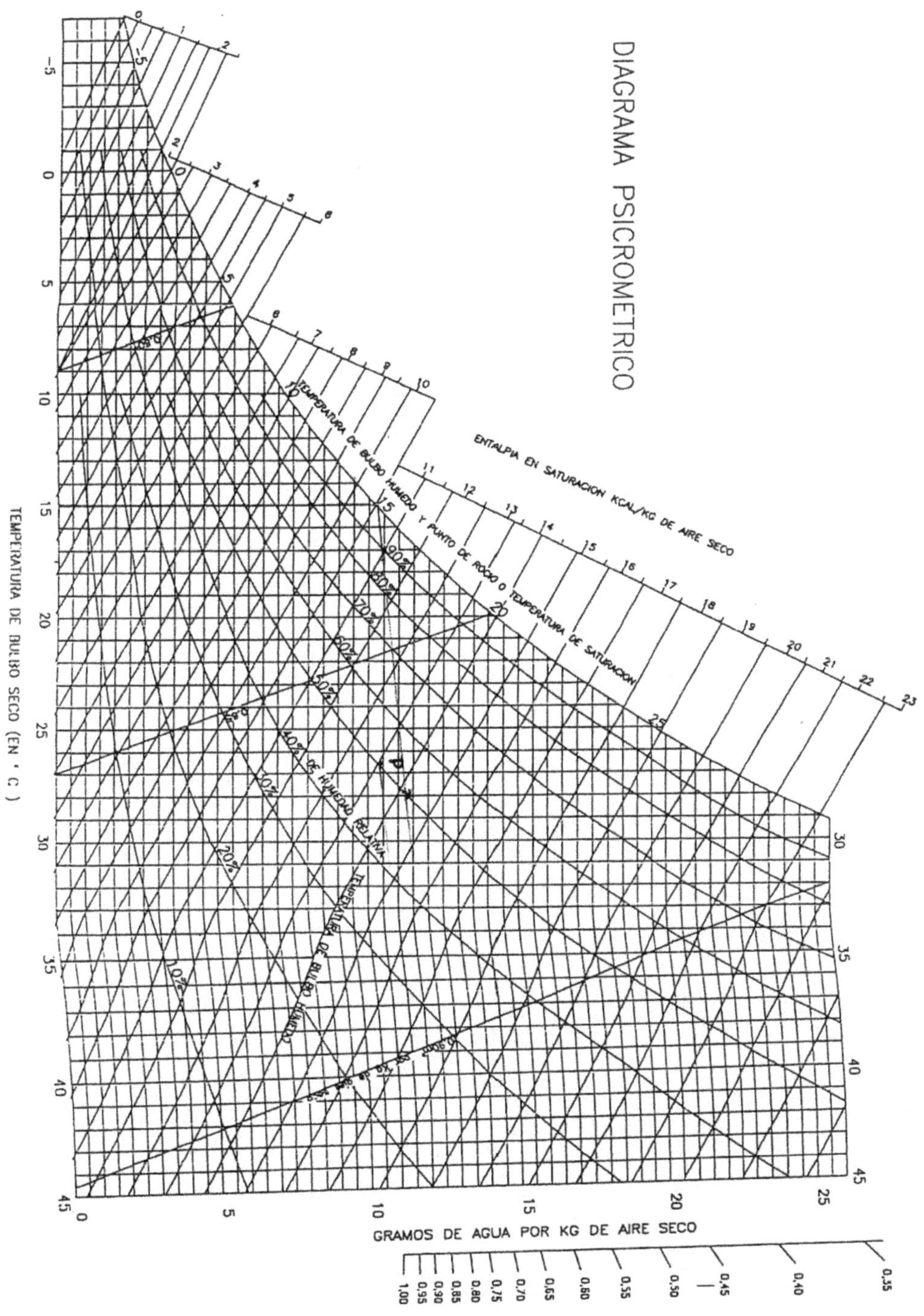

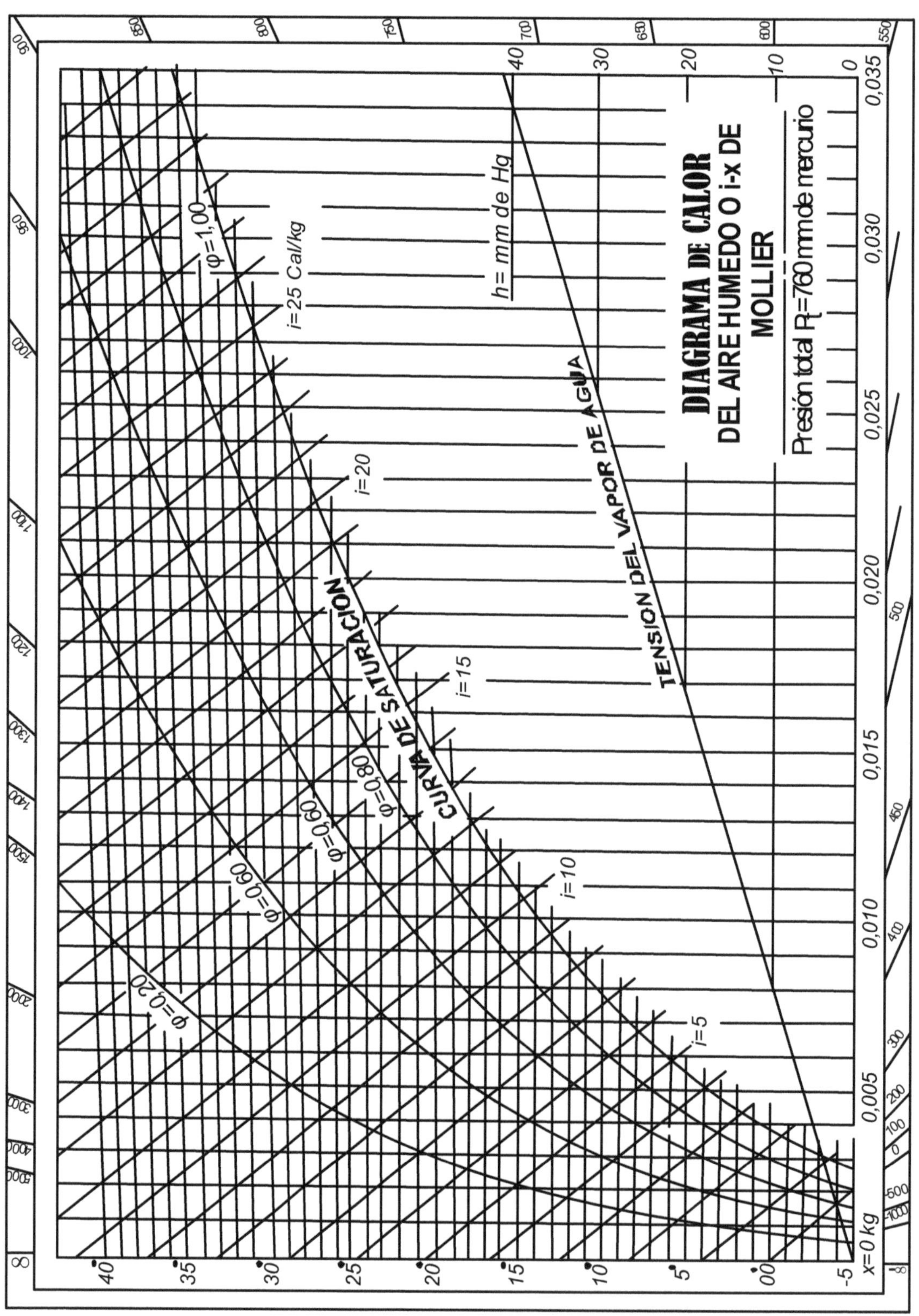
DIAGRAMA DE CALOR
DEL AIRE HUMEDO O i-x DE
MOLLIER
Presión total Pt=760 mm de mercurio
h= mm de Hg
TENSION DEL VAPOR DE AGUA
CURVA DE SATURACIÓN
i=25 Cal/kg
i=20
i=15
i=10
i=5
φ=1,00
φ=0,80
φ=0,60
φ=0,40
φ=0,20
x=0 kg
0,005
0,010
0,015
0,020
0,025
0,030
0,035

BIBLIOGRAFIA

Instalación de paneles solares térmicos. T.Perales Benito Ed. C.Copyright

La Radiación Solar. Bernar Menguy Schwartz Ed. Lavosier

Procesos de Transferencia deCcalor. Donald Kern C.E.C.S.

Motor Stirling Philips

Transferencia del Calor F C Arenas

Termodinámica Tecnica F C Arenas

Energía solar Térmica. Mendez Ruiz- Cuervo García- F.C.Editorial

Energía Solar. Nestor Quadri- Ed. Alsina.

Fundamentos de Termotransferencia. M.A.Mijeev- I.M.Mijeeva Ed. Mir

Termodinámica Técnica. V.A.Kirillin-V.V.Sichev Ed. Mir

Manual del Constructor de Máquinas H.Dubbel Ed. Labor

Revista Sulzer.

La presente edición de *Procesos para el uso termico de la Energia Solar;* se terminó de imprimir en el mes de Noviembre de 2020 en Universitas. Pje. España 1467. Córdoba.
Te/Fax: 54-351-4680913.
email: editorialuniversitas@yahoo.com.ar

Impreso en Argentina

UNIVERSITAS
Editorial
Científica
Universitaria
CÓRDOBA

www.ingramcontent.com/pod-product-compliance
Ingram Content Group UK Ltd.
Pitfield, Milton Keynes, MK11 3LW, UK
UKHW061830190726
13853UKWH00009B/2529

9 789871 457441